电子技术基础实验指导

主　编　张博霞
副主编　韩建设

北京邮电大学出版社
·北京·

内 容 简 介

本书为高等学校电气类、电子类、自动化类和其他相近专业本科生、专科生模拟与数字电路课程的实验教材和实习指导书。同时也可为本科生参赛各类电子制作、毕业设计提供电子类的参考资料。书中实验内容丰富，包含原理性实验、验证性实验、设计性实验以及综合设计性实验。本书分为4部分：第1部分为模拟电路单元实验；第2部分为数字电路单元实验；第3部分为模拟电路实验课程设计；第4部分为数字电路实验课程设计。附录简单介绍了部分电子元器件的基本知识。

图书在版编目(CIP)数据

电子技术基础实验指导/张博霞主编. --北京：北京邮电大学出版社，2011.3(2019.7重印)
ISBN 978-7-5635-2588-1

Ⅰ.①电… Ⅱ.①张… Ⅲ.①电子技术—实验—高等学校—教学参考资料 Ⅳ.①TN-33

中国版本图书馆CIP数据核字(2011)第027057号

书　　名：电子技术基础实验指导
作　　者：张博霞　韩建设
责任编辑：刘　颖
出版发行：北京邮电大学出版社
社　　址：北京市海淀区西土城路10号(邮编：100876)
发 行 部：电话：010-62282185　传真：010-62283578
E-mail：publish@bupt.edu.cn
经　　销：各地新华书店
印　　刷：北京鑫丰华彩印有限公司
开　　本：787 mm×1 092 mm　1/16
印　　张：12.5
字　　数：314千字
版　　次：2011年3月第1版　2019年7月第5次印刷

ISBN 978-7-5635-2588-1　　定　价：29.00元

前　言

电子技术基础实验是高等学校理工科专业实践教学课程中重要的一门。这门课程将电子技术基础理论与实际操作有机地联系起来，加深学生对所学理论的理解，培养和提高学生的实验能力、实际操作能力、独立分析问题和解决问题的能力，以及创新思维和理论联系实际的能力。

电子技术基础是实践性很强的专业基础课程，因此实验教学是不可缺少的重要环节。本书作为相关专业实验和课程设计教材，是根据模拟电子技术、数字电子技术课程的教学内容，针对高等工程技术教育特点，结合编者近几年在实验教学、课程设计、大学生电子设计竞赛等教学实践中的经验，编写而完成的。

本书具有以下特点：

(1) 模拟电子技术实验和数字电子技术实验中，都有验证性实验和简单的设计性实验。这样有利于实验、分析设计能力的培养。

(2) 为了满足课程设计的要求，每一个设计性实验中，均给出了单元电路的设计方法及参考电路图，供读者设计电路时参考。

全书共分 4 个部分。第 1 部分为模拟电路单元实验。精选了 15 个实验项目。主要介绍了模拟电子电路的基本实验和基本测量方法，通过用电子实验设备为工作平台，来实现电路的连接及测试。第 2 部分为数字电路单元实验，精选了 13 个实验项目。主要介绍了数字电子电路的基本实验和基本测量方法，配以常用数字测量仪器进行练习，让读者逐步对数字器件及其测试方法有一定的了解。第 3、第 4 部分为综合设计性实验。在模拟电路和数字电路单元实验的基础上，各选编了 4～5 个综合实验，目的在于培养学生对本门课程多个知识点的综合运用能力，以及对电子电路的设计和调试能力。所选课题，既可供电子技术课程设计阶段使用，也可作为读者课外电子兴趣小组活动的选题。除了以上内容，还适当介绍了电子元器件的性能、选用及检测技术，印刷电路板的制作和焊接知识，电子制作的基本知识、基本方法和基本操作。附录 A 为常用电子元器件的基础知识和使用方法。为学生的实验与实习提供元器件识别方法、测量知识和验证手段。附录 B 为常用集成电路引脚排列图。

本书模拟电路单元实验、附录 A、附录 B 由韩建设老师编写，其余部分由张博霞老师编写。罗晓莹、郭世宁老师整理了相关的资料，参与了电路图绘制及部分书稿的打印，特此表示感谢。

由于我们的水平有限，书中缺点错误在所难免，真诚希望各位兄弟院校的老师和读者在使用过程中提出宝贵意见。

编　者

目　　录

第 1 部分

模拟电路单元实验

实验 1　常用电子仪器的使用

一、实验目的

1. 了解双踪示波器、函数信号发生器、晶体管毫伏表的原理和主要技术指标。
2. 掌握用示波器观察、测量波形的幅值、频率及相位的基本方法。
3. 学习函数信号发生器输出范围、幅值范围、面板各旋钮作用及使用方法。
4. 掌握交流毫伏表的使用方法。

二、实验仪器设备

双踪示波器 1 台;函数信号发生器 1 台;晶体管毫伏表 1 台;数字万用表 1 台。

三、实验原理

1. 示波器

示波器是一种用途广泛的电子测量仪器,它可直观地显示随时间变化的电信号图形,如电压(或转换成电压的电流)波形,并可测量电压的幅度、频率、相位等。示波器的特点是直观,灵敏度高,对被测电路的工作状态影响小。因此被广泛地应用于无线电测量领域中。

示波器主要有两种工作方式:y-t 工作方式(又称连续工作方式)和 x-y 工作方式(又称水平工作方式)。

(1) y-t 工作方式下,示波器屏幕构成一个 y-t 坐标平面,能够显示时间函数 $y=f(t)$的波形,例如电压 $v(t)$和电流 $i(t)$的波形。

(2) x-y 工作方式下,示波器屏幕构成一个 x-y 坐标平面,屏幕上显示的图形具有函数关系 $y=f(x)$,该工作方式可测定元件特性曲线,同频率正弦量的相位差以及二维状态向量的状态轨迹等。

2. 函数信号发生器

函数信号发生器是用来产生各种波形(正弦波、方波、锯齿波、三角波等)的设备,是实验室中常用的交流信号源。

3. 交流毫伏表

交流毫伏表又称为交流电压表,是一种常用的电子测量仪器,主要用来测量正弦交流电压的有效值。该设备内阻大,误差小,量程选择范围很大。在实验中测量正弦信号的幅值时应该尽量选择使用该设备。正弦电压有效值和峰值的关系是:$V_{峰值}=\sqrt{2}V_{有效值}$。

当测量非正弦交流电压时,读数没有直接的意义。交流毫伏表不能用来测量直流电压。

四、实验内容及步骤

1. 函数信号发生器和交流毫伏表的使用

(1) 图 1-1-1 是用交流毫伏表直接测量函数信号发生器输出电压的连接图。在测量前,交流毫伏表量程应选择最大量程,以避免表头过载而打弯指针。测量时,根据所测信号大小选择合适的量程。在读取数值时应该根据选择的量程确定应该如何读取。为了减小误差,要求交流毫伏表指针位于满刻度的 1/3 以上。当交流毫伏表接入被测信号电压时,一般应先接地线,再接信号线。

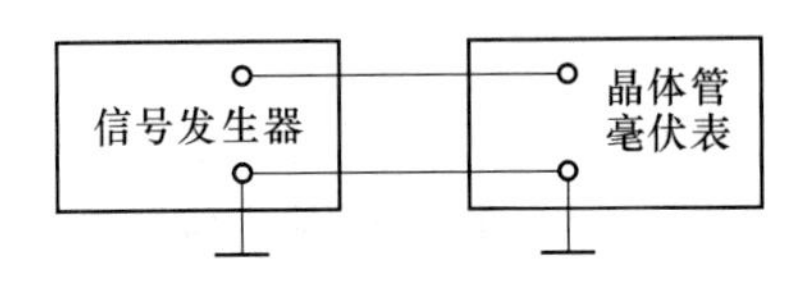

图 1-1-1

(2) 函数信号发生器"波形输出选择"选择正弦信号,"频率范围选择"选择 1 kHz,其他旋钮处于常规状态,调节"频率调整旋钮",使"计频器"显示频率为 1 kHz。调节"幅度输出旋钮",使交流毫伏表测量的输出电压有效值为 1 V。

(3) 记下这时函数信号发生器输出电压的频率和有效值的大小。

2. 示波器的使用

(1) 测量信号电压

调节信号发生器使其输出频率为 1 kHz,电压峰值分别为 2 V、0.1 V 的正弦信号。分别用示波器和毫伏表测量其输出电压峰值和有效值。将测量结果记录于表 1-1-1 中。

表 1-1-1

电压有效值 V	电压峰值 V_m	示波器 V/div 所在挡位	峰-峰波形高度(格数)	峰-峰电压 V_{P-P}

(2) 测量信号周期

信号发生器输出峰值为 5 V 的正弦信号,改变信号频率,测量信号的周期,将测量结果记入表 1-1-2 中。

表 1-1-2

信号频率	50 Hz	250 Hz	500 Hz	1 kHz	5 kHz	25 kHz	100 kHz
T/div 所置刻度值							
一周期所占水平格数							
信号周期 T							

(3) 测量两信号的相位差

测量相位差可用双踪测量法,也可用 x-y 测量法。

① 双踪测量法

双踪测量法的仪器连线如图 1-1-2(a)所示。示波器的显示方式切换开关"MODE"选择"CHOP"。将 $f=1$ kHz、电压峰值 $V_m=2$ V 的正弦信号经过 RC 移相网络获得同频率不同相位的两路信号分别加到示波器的 CH1 和 CH2 输入端,然后分别调节示波器的 CH1 和 CH2 的"位移"旋钮、"垂直灵敏度 V/div"旋钮及其"微调"旋钮,就可以在屏幕上显示出如图 1-1-2(b)所示的两个高度相等的正弦波。为了显示波形稳定,应将"内部触发信号源选择开关"选在 CH2 处,使内触发信号取自 CH2 的输入信号,这样便于比较两信号的相位。

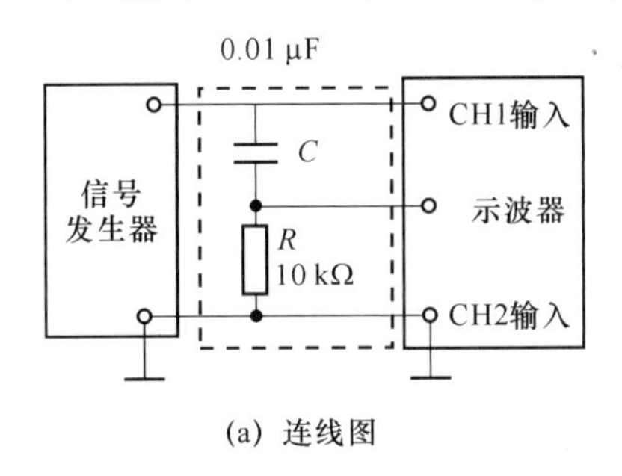

(a) 连线图

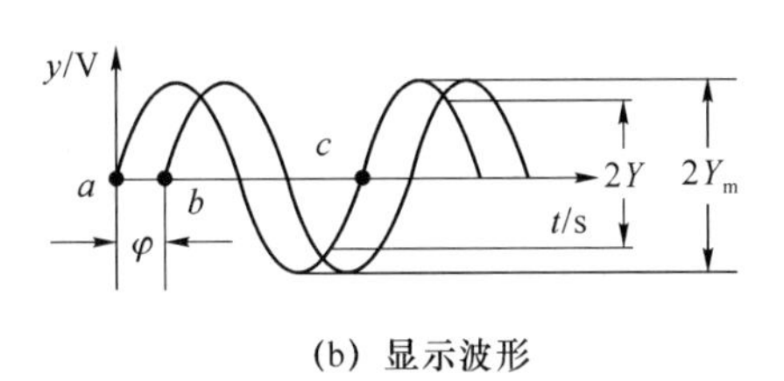

(b) 显示波形

图 1-1-2

双踪测量法测量信号相位差的方法为:从图 1-1-2(b)显示图形读出 ac 和 ab 的长度(格数),根据 $ac:360°=ab:\varphi$,可求得两信号的相位差为

$$\varphi=\frac{ab}{ac}\times 360°$$

将测量结果记入表 1-1-3 中。

表 1-1-3

信号周期长度(ac 格数)	信号相位差长度(ab 格数)	相位差

由显示图形读出 Y 和 Y_m 的格数,则两信号的相位差为

$$\varphi=2\arctan\sqrt{\left(\frac{Y_m}{Y}\right)^2-1}$$

将测量结果记录于表 1-1-4 中,并画出波形图。分析测量值与理论值的误差产生的原因。

表 1-1-4

波形高度 $2Y_m$(格数)	两交点间垂直距离 $2Y$(格数)	相位差

② x-y 测量法（选做）

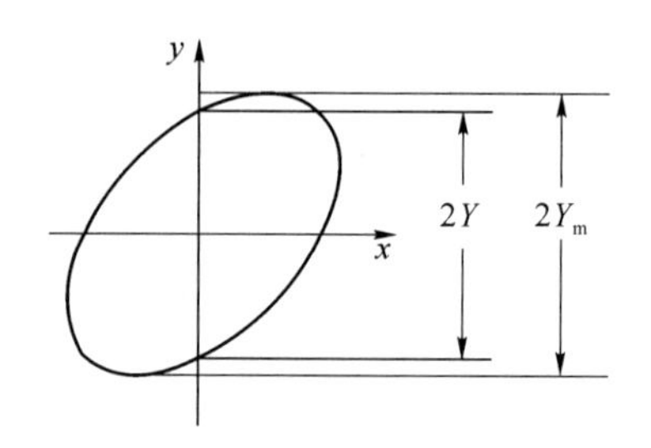

图 1-1-3

将示波器“扫描速度开关”调至“x-y” 位置，即可进行测量，这时示波器成为 x-y 工作方式，CH1 为 x 信号通道，CH2 为 y 信号通道。u_i 的 x-y 测量法的连接如图 1-1-2(a)所示，输入信号仍为 f =1 kHz、U_m=2 V 的正弦信号。

经过 RC 移相网络获得同频不同相的两路信号，一路加入到示波器 CH1 的输入端，一路加入到示波器 CH2 的输入端。调节“位移”、“垂直灵敏度 V/div”旋钮，使示波器荧光屏上显示出图 1-1-3 所示的椭圆图形。由图形直接读出 Y 和 Y_m 所占的格数，则两信号的相位差为

$$\varphi=\arcsin\left(\frac{Y}{Y_m}\right)$$

将测量结果记录于表 1-1-5 中。

表 1-1-5

椭圆高度 Y_m（格数）	在 y 轴的截距 Y（格数）	相位差

注意：

（1）函数信号的输出端不能短接。

（2）注意仪器要“共地”连接。

五、实验报告及要求

1. 根据实验记录，列表整理实验数据及描绘移相器电路输入、输出波形。
2. 总结用示波器测量信号电压的幅值、频率和两个同频率信号相位差的步骤和方法。
3. 根据实验体会，总结示波器在调节波形、周期和波形稳定时，各自应调节哪些旋钮。

六、问题及思考题

1. 用示波器观察信号发生器的波形时，测试线上的红夹子和黑夹子应如何连接？
2. 交流毫伏表测量的电压是正弦波有效值还是峰值？

实验2　晶体二极管、晶体三极管的测试

一、实验目的

1. 学习和掌握使用万用表测量晶体二极管和晶体三极管的方法。
2. 通过万用表测量二极管的正向电阻，对二极管PN结极性和晶体管材料作出判断。
3. 测量三极管，判断b、c、e极，判断三极管的材料，并测量穿透电流的大小。
4. 用图示仪观测普通二极管和三极管的特性曲线。

二、实验仪器设备

晶体管图示仪1台；万用表1台；二极管、三极管若干个。

三、实验原理

1. 万用表测量原理

用万用表测量二极管、三极管，方法简单，无须复杂的专用仪表，就能较为迅速地确定被测管的类型、管脚极性，并判断它的好坏。

用万用表测试二极管和三极管时使用万用表的欧姆挡。在测试时，必须注意万用表欧姆挡的以下几个特点：

(1) 万用表欧姆挡等效电路如图1-2-1所示。图1-2-1中E为表内电源(一般基本挡使用一节1.5 V的电池)，r为万用表等效内阻，I为被测回路中的实际电流。由图1-2-1可知万用表正端的表笔(一般习惯用红色表笔)对应表内电源的负极，而负端的表笔(一般习惯用黑色表笔)对应于表内电源的正极。

(2) 万用表表面欧姆挡的刻度尺的中央刻度值称为万用表欧姆挡的“中值电阻”，它即为万用表欧姆挡的等效内阻。

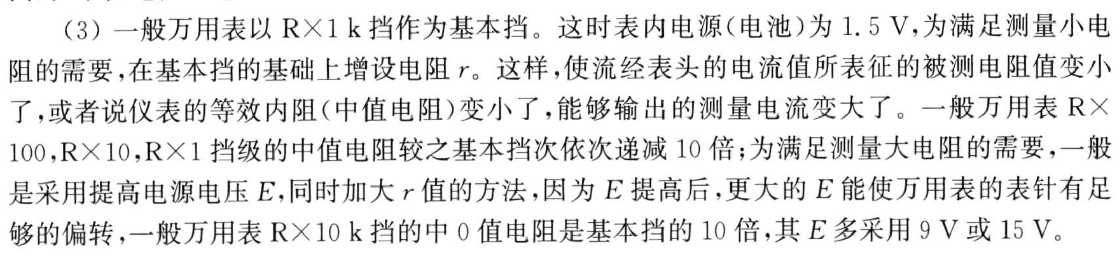

图1-2-1

(3) 一般万用表以R×1 k挡作为基本挡。这时表内电源(电池)为1.5 V，为满足测量小电阻的需要，在基本挡的基础上增设电阻r。这样，使流经表头的电流值所表征的被测电阻值变小了，或者说仪表的等效内阻(中值电阻)变小了，能够输出的测量电流变大了。一般万用表R×100，R×10，R×1挡级的中值电阻较之基本挡次依次递减10倍；为满足测量大电阻的需要，一般是采用提高电源电压E，同时加大r值的方法，因为E提高后，更大的E能使万用表的表针有足够的偏转，一般万用表R×10 k挡的中0值电阻是基本挡的10倍，其E多采用9 V或15 V。

2. 晶体二极管的测试

(1) 判别二极管的极性

把万用表调到欧姆挡，若将黑表笔接到二极管的阳极，红表笔接到二极管阴极，则二极管处于正向偏置，呈低阻，表头偏转大，反之，则二极管处于反向偏置，呈高阻，表头偏转小。根据两次测得的阻值大小，可以判别二极管极性。

注意:万用表电阻挡不同,其等效内阻也不相同,测试时一般先用 R×1k 挡,这时,万用表等效内阻大,可避免损坏二极管,而不宜用 R×10k 挡,因为此挡电源电压较高,易损坏管子。

(2) 判别二极管的好坏

用万用表欧姆挡测二极管反向电阻时,若电阻在 200 kΩ 以上,可以认为这只二极管基本上是好的。

若正、反向测量时,二极管所呈现电阻都很小,则这只二极管被击穿通路(坏)。

若正、反向测量时,二极管所呈现的电阻都很大,则这只二极管是断路的(坏)。

(3) 判别二极管的晶体材料

若正向测量二极管时,电表指示在满刻度的 90%左右(这时可参考 500 型万用表第二条标尺),则这只二极管是一只锗管。

若正向测量二极管时,电表指示在满刻度约 60%左右,则这只二极管是一只硅管。

(4) 区分普通二极管和稳压管

一般二极管反向击穿电压在 15 V 以上。所以一般情况下,用 R×1 k 挡测量二极管反向电阻时,其阻值在 200 kΩ,甚至在数兆欧姆以上,然而用 R×10 k 挡测量时,其反向电阻仍然很大。稳压管就不同,用 R×1 k 挡测量时,阻值很大,而用 R×10 k 挡测量时,阻值变得很小。原因是当万用表指针打到 R×10 k 挡时,其内电源除了原来的一只 1.5 V 电池以外,还串联了一只 9 V 电池,其电压达到 10.5 V,反向测量二极管时,此电压不足以击穿普通二极管,却能击穿 10 V 以下的稳压管,当稳压管被击穿时其阻值将变得很小。由此可以区分普通二极管和稳压管。

3. 晶体三极管的测试

(1) 判定基极和管子类型(用 R×1 k 挡)

由于三极管 b 到 c 和 b 到 e 分别是两个 PN 结,如图 1-2-2 所示。首先将任一表笔接在假定的基极上(可以任意假定),另一支表笔分别测试其他两支管脚。若测试得到两次测量的电阻都大(或者都小),这时可将红、黑表笔互换,再重复以上测量。若测得结果,电阻变得很小(或很大),则假定的基极就是正确的。如果假定的基极对其他两支管脚的电阻一大一小,则应选择另外的管脚作为假定基极,重复以上测量直至找出基极为止。

若三个管脚都不能确认为基极,则被测管不是一只晶体三极管,或是一只坏管。

当基极确定后,若黑表笔接 b 极,红表笔分别接 c 极和 e 极,所测电阻很小,则被测管为 NPN 管。

若红表笔接 b 极,黑表笔分别接 c 极和 e 极,所测电阻很小,则被测管为 PNP 管。

可把晶体三极管结构看做是两个背靠背的 PN 结,如图 1-2-2 所示。

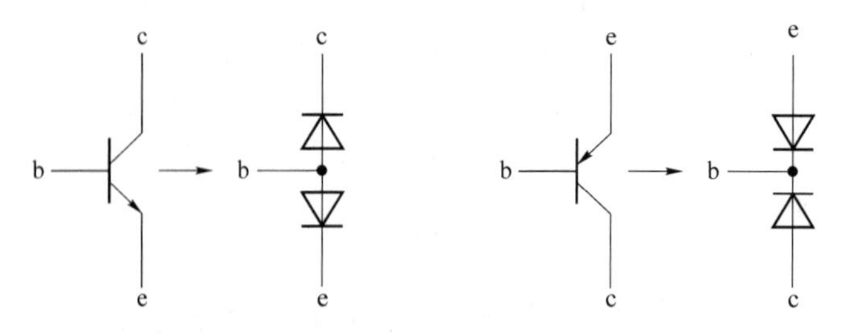

图 1-2-2

(2) 判断发射极e和集电极c

如图1-2-3所示,若已确定三极管为NPN型,这时,把黑表笔接假定的集电极"c",红表笔接假定的发射极"e",并用手捏住b、c二极(但不能使b、c二极接触)。通过人体,相当于在c、b间接入偏置电阻,读出此时c、e间电阻值;然后,将两表笔对调重测,并与前一次读数相比较。若第一次测量阻值小,则原来的假设成立,即黑表笔接的是集电极"c",红表笔对应为发射极"e",因为c、e间电阻值较小,说明通过万用表的电流较大,偏置正常。

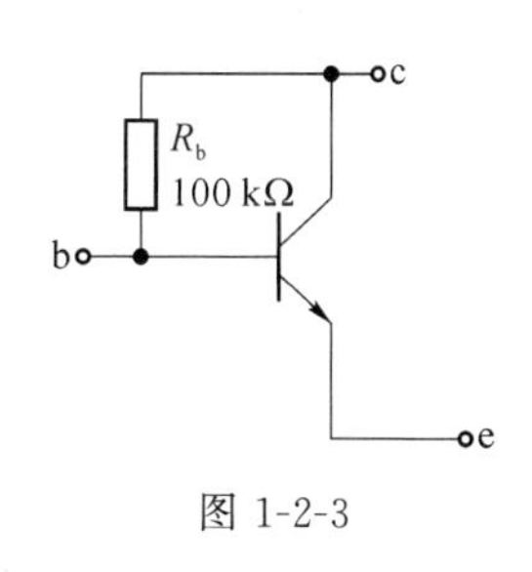

图1-2-3

(3) 检查穿透电流I_{CEO}的大小

检查方法是,将基极开路,测量c、e间电阻,黑表笔接c极,红表笔接e极(PNP管相反),如阻值较高(几十千欧以上),则说明穿透电流较小,管子能正常工作,反之,若c、e间电阻小,则穿透电流大,受温度影响大,工作不稳定。

4. 用数字万用表测量二极管、三极管

(1) 用数字万用表检测二极管

在用数字万用表测量二极管时,红表笔接二极管的正极,黑表笔接二极管的负极,此时测得的阻值才是二极管的正向导通阻值,这与指针式万用表的指法正好相反,但由于电阻挡的测试电流很小,所以不适宜检测晶体管。

若用数字万用表的二极管挡检测二极管则更方便。将数字万用表置在二极管挡,然后将二极管的负极与数字万用表的黑表笔相接,正极与红表笔相接,此时显示屏上即显示二极管正向压降值,不同材料的二极管,其正向压降值不同:硅二极管为0.550~0.700 V,锗二极管为0.150~0.300 V。若显示屏显示"0000",说明管子已短路;若显示"1",说明二极管内部开路或处于反向状态,此时可对调表笔再测。

(2) 用数字万用表检测三极管

利用数字万用表不仅能判定晶体管电极,测量管子的共发射极电流放大系数h_{FE},还可鉴别硅管与锗管。数字万用表的电阻挡不适宜测量晶体管,应使用二极管挡或者h_{FE}挡进行测试。

将数字万用表拨至二极管挡,红表笔固定任接某个引脚,用黑表笔依次接另外两个引脚,如果两次显示值均小于1 V,该管子为NPN管,则红表笔所接的引脚就是基极。如果在两次测试中,一次显示值小于1 V,另一次显示溢出符号"1",表明红表笔接的引脚不是基极,此时应改换其他引脚重新测量,直到找出基极为止。

使红表笔接基极,用黑表笔先后接触其他两个引脚。如果显示屏上的数值显示为0.600~0.800 V,则被测管属于硅NPN型中小功率三极管,其中显示数值较大的一次,黑表笔所接的电极为发射极。如果显示屏的数值都显示0.400~0.600 V,则被测管属于NPN型大功率三极管,其中显示数值较大的一次,黑表笔所接的电极为发射极。

使红表笔接基极,用黑表笔先后接触其他两个引脚,如果两次都显示溢出符号"1",则表明被测管属于硅PNP型三极管。

在上述测量过程中,若显示屏上显示数值小于0.4 V,则被测管属于锗三极管。

(3) 三极管h_{FE}的测量

h_{FE}是三极管的直流电流放大系数,用数字万用表可以很方便地测出三极管的h_{FE}值。将数字万用表置于h_{FE}挡,若被测管是NPN型管,则将管子的各个引脚插入NPN插孔相应的插座中,此时屏幕上就会显示被测管的h_{FE}值。

5. 二极管、三极管的简易识别法

(1) 二极管的识别

在应用中,一般情况下,可以根据二极管的标识判定其正、负极:小功率的二极管通常在表面用一个色环标出;有些二极管采用了"P"、"N"符号来确定二极管的极性;金属封装二极管通常在表面印有与极性一致的二极管符号;发光二极管通常用引脚长短来识别正、负极,长脚为正,短脚为负。

贴片二极管由于外形多种多样,其极性也有多种标注方法:在有引线的贴片二极管中,管体有白色色环的一端为负极;在有引线而无色环的贴片二极管中,引线较长的一端为正极;在无引线的贴片二极管中,表面有色环或者有缺口的一端为负极。

(2) 三极管的识别

金属封装的小功率的三极管在管壳上有一个小凸片,在判别的时候,使管脚正对人体,从凸片开始,顺时针方向紧贴凸片的电极为发射极,另外两个电极依次为基极、集电极。

而对于塑料封装的小功率三极管,平面向上,管脚正对人体,从左往右,依次为发射极、基极、集电极。

大功率金属封装的三极管,其管壳通常为集电极,另外两个电极则为发射极和基极,在有些管子上,还标出了另外两个电极,以方便使用。

一般的贴片三极管,从顶端往下看两边,上边只有一脚的为集电极,下边的两脚分别为基极和发射极。

四、实验内容及步骤

1. 晶体二极管的测量

按照实验原理所介绍的方法,用万用表测量表 1-2-1 中二极管的正、反向电阻,然后对二极管的好坏情况、PN 结极性和二极管晶体材料类型作出判断,记入表 1-2-1 中。注意二极管的管脚均为一长一短,以便于标注 PN 结极性。

表 1-2-1

型号	二极管好坏情况(好或坏)	二极管 PN 结极性	二极管晶体材料(硅或锗)	二极管类型
2AP7				
2CP13				
2CW				
IN4148				
IN4007				

2. 晶体三极管的测量

按照前面实验原理介绍的方法,用万用表测量表 1-2-2 中的三极管,然后对三极管的好坏情况、三极管晶体材料和三极管类型作出判断,并且标注三极管的 b 极、c 极和 e 极。注意标注三极管的 b 极、c 极和 e 极时应将管脚朝向自己,同时应注意国产三极管的管脚布置方式。

表 1-2-2

型号	三极管好坏情况 （好或坏）	三极管类型 （PNP 或 NPN）	二极管晶体材料 （硅或锗）	三极管的 b 极、e 极
3DG6				
3GG14				
3AX				
9012				
9013				

3. 用图示仪观察二极管、三极管的特性曲线

（1）观测二极管的正向伏安特性和反向伏安特性。

（2）观测三极管的输出特性，了解电流放大倍数的求取方法。

（3）观测三极管的输入特性以及 V_{CE} 对输出特性的影响。

五、实验报告及要求

1. 整理测试结果，对被测器件作出判断。
2. 画出普通二极管稳压管和三极管的特性曲线。
3. 画出判断三极管引线极性及检查电流 I_{CEO} 的电路图。

六、问题及思考题

1. 如何用万用表测量直流电流放大系数 β 的大小？
2. 还可用什么方法来测量三极管的 c、e 两极？

实验 3　基本放大电路

一、实验目的

1. 学会放大器静态工作点的测量和调试方法，分析静态工作点对放大器性能的影响。
2. 掌握放大器电压放大倍数、输入电阻、输出电阻及最大不失真输出电压的测试方法。
3. 熟悉常用电子仪器及模拟电路实验设备的使用。

二、实验仪器设备

交流信号发生器一台；直流稳压电源一台；双踪示波器一台；交流毫伏表一台；数字万用表一块；实验电路板一套。

三、实验原理

实验电路如图 1-3-1 所示。

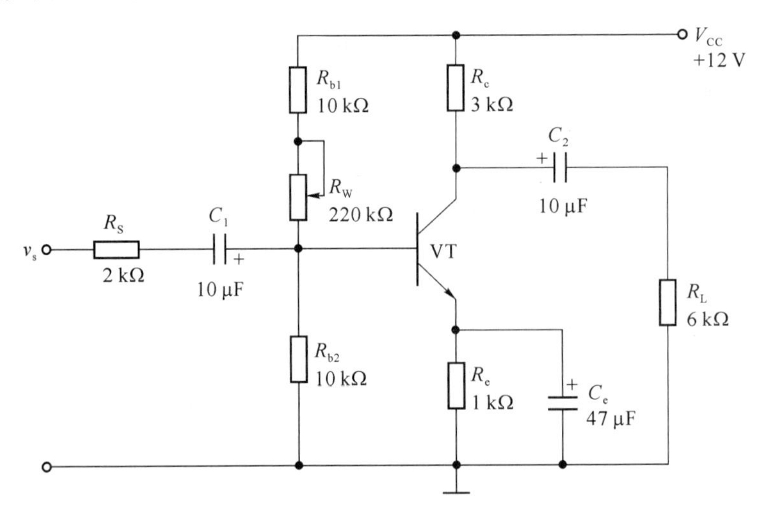

图 1-3-1

图 1-3-1 为电阻分压稳定工作点单管放大器实验电路图。它的偏置电路采用 R_{b1} 和 R_{b2} 组成的分压电路，并在发射极中接有电阻 R_e，以稳定放大器的静态工作点。当在放大器的输入端加入输入信号 v_i 后，在放大器的输出端便可得到一个与 v_i 相位相反，幅值被放大了的输出信号 v_o，从而实现了电压放大。

1. 测量放大器的静态工作点

应在输入信号 $v_i=0$ 的情况下进行，即将放大器输入端与地端短接，然后选用量程合适的直流毫安表和直流电压表，分别测量晶体管的集电极电流 I_C 以及各电极对地的电位 V_B、V_C 和 V_E。

$$I_C = \frac{\left(\frac{R_{b1}}{R_{b1}+R_{b2}}\cdot V_{CC} - V_{BE}\right)}{R_e}$$

$$V_{CE} = V_{CC} - I_C(R_c + R_e)$$

$$I_B = \frac{I_C}{\beta}$$

放大器静态工作点的调试是指对三极管集电极电流 I_C(或 V_{CE})的调整与测试。静态工作点是否合适,对放大器的性能和输出波形都有很大影响。如工作点偏高,放大器在加入交流信号以后易产生饱和失真,如图 1-3-2(a)所示,此时 v_o 的负半周将被削底;如工作点偏低则易产生截止失真,如图 1-3-2(b)所示,即 v_o 的正半周被缩顶(一般截止失真不如饱和失真明显),这些情况都不符合不失真放大的要求。所以在选定工作点以后还必须进行动态调试,即在放大器的输入端加入一定的输入电压 v_i,检查输出电压 v_o 的大小和波形是否满足要求。如不满足,则应调节静态工作点的位置。

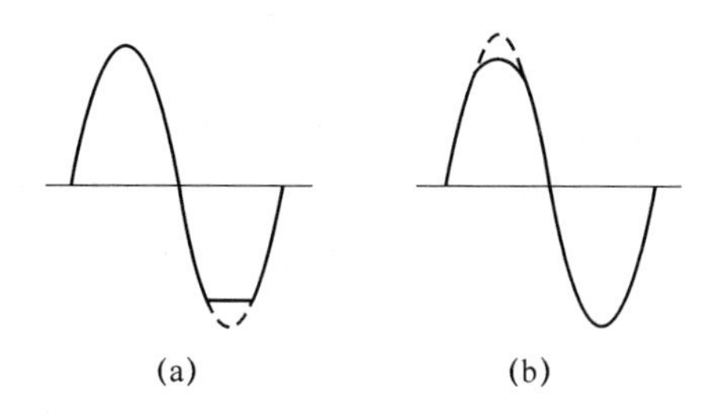

图 1-3-2

改变电路参数 V_{CC}、R_c、R_b(R_{b1}、R_{b2})都会引起静态工作点的变化,如图 1-3-3 所示。但通常多采用调节偏置电阻 R_{b2} 的方法来改变静态工作点,如减小 R_{b2},则可使静态工作点提高等。

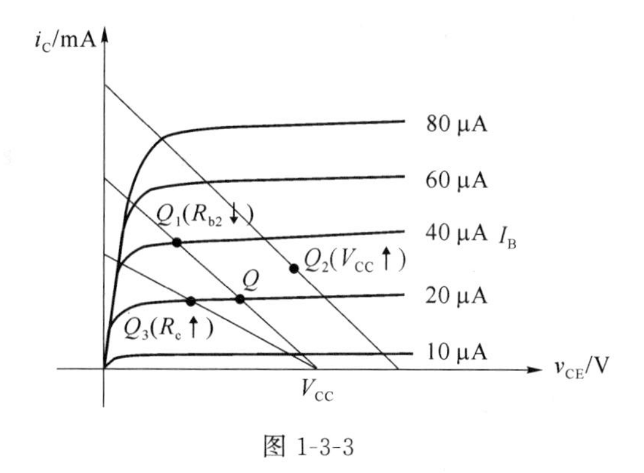

图 1-3-3

2. 电压放大倍数

$$A_V = \frac{V_o}{V_i} = \frac{-\beta R'_L}{r_{be}} \quad \text{(旁路电容 } C_e \text{ 接入时)}$$

其中,$R'_L = R_c /\!/ R_L$,$r_{be} = 300\ \Omega + (1+\beta)\frac{26(\text{mV})}{I_E(\text{mA})}$。

$$A_V = \frac{-\beta R'_L}{r_{be} + (1+\beta)R_e} \quad \text{(旁路电容 } C_e \text{ 未接入时)}$$

当负载电阻开路时 $R'_L = R_c$。

3. 输入、输出电阻

输入电阻 R_i 的大小表示放大电路从信号源或前级放大电路获取电流的多少。输入电阻越大，索取前级电流越小，对前级的影响就越小。

为了测量放大器的输入电阻，在放大器正常工作的情况下，用交流毫伏表测出 V_s 和 V_i 即可计算出输入电阻 R_i，计算公式如下：

$$R_i = \frac{V_i}{V_s - V_i} \cdot R_s$$

测得负载电阻 $R_L = 5.1\ k\Omega$ 时的输出电压 V_{oL} 及负载电阻开路（即 $R_L = \infty$）时的输出电压 $V_{o\infty}$ 即可计算出输出电阻 R_o，计算公式如下：

$$R_o = \left(\frac{V_{o\infty}}{V_{oL}} - 1\right) \cdot R_L$$

4. 最大不失真输出电压 $V_{oP\text{-}P}$ 的测量（最大动态范围）

为了得到最大动态范围，应将静态工作点调在交流负载线的中点。为此在放大器正常工作情况下，逐步增大输入信号的幅度，并同时调节 R_W（改变静态工作点），用示波器观察 v_o，当输出波形同时出现削底和缩顶现象（如图 1-3-2）时，说明静态工作点已调在交流负载线的中点。然后反复调整输入信号，使波形输出幅度最大，且无明显失真时，用交流毫伏表测出 V_o（有效值），则动态范围等于 $2\sqrt{2}V_o$。或用示波器直接读出 $V_{oP\text{-}P}$ 来。

5. 放大器幅频特性的测量

放大器的幅频特性是指放大器的电压放大倍数 A_V 与输入信号频率 f 之间的关系曲线。单管阻容耦合放大电路的幅频特性曲线如图 1-3-4 所示，A_{VM} 为中频电压放大倍数，通常规定电压放大倍数随频率变化下降到中频放大倍数的 $\frac{1}{\sqrt{2}}$ 倍，即 $0.707A_{VM}$ 所对应的频率分别称为下限频率 f_L 和上限频率 f_H，则通频带 $BW = f_H - f_L$。

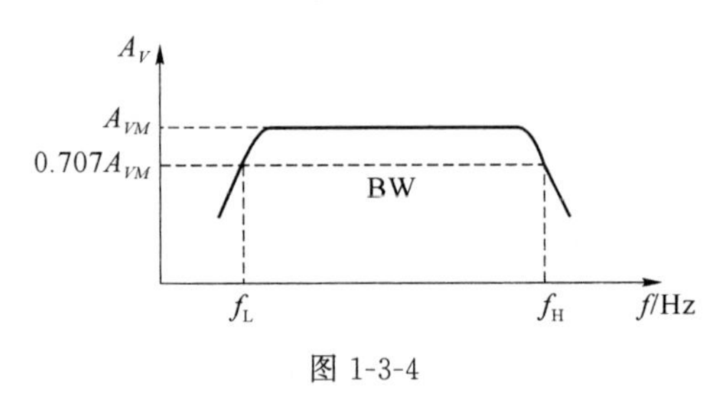

图 1-3-4

6. 放大器静态工作点对输出波形的影响

静态工作点是否合适，对放大器的性能和输出波形都有很大影响。如工作点偏高，放大器在加入交流信号以后易产生饱和失真，此时 v_o 的负半周将被削底；如工作点偏低则易产生截止失真，即 v_o 的正半周被缩顶（一般截止失真不如饱和失真明显）。

四、实验内容及步骤

1. 静态工作点测试

按图 1-3-1 连接电路，将输入端对地短接。接入直流电源 V_{CC}（+12 V），调节 R_W 使 $V_{CEQ} \approx 6$ V。测量并记录放大器的静态值，填入表 1-3-1。

表 1-3-1

静态工作点	V_{BEQ}	V_{CEQ}	I_{BQ}	I_{CQ}
估算值				
实测值				

注意：

(1)在测量 I_{BQ}时应将三极管的基极断开，将万用表量程打在 200 μA(DC)挡位，串联在电路中测量。当测量完 I_{BQ}后应将三极管基极断开的电路按原电路连接。

(2) 测量 I_{CQ}时应将 R_c 断开，将万用表量程打在 20 mA(DC)挡位，串联在电路中测量，测量结束后恢复原电路。或者直接测量 R_c 上的电压，计算 I_{CQ}。

2. 电压放大倍数测量

去掉输入端的短接线，从输入端加入 $V_s \approx 10$ mV，$f=1$ kHz 的正弦信号，用示波器观察输出端 v_o 波形，在输出波形不失真的情况下用交流毫伏表测量当 $R_L=6$ kΩ 时的输出电压 V_{oL}及 $R_L=\infty$时的输出电压 $V_{o\infty}$，并按照公式 $A_V=\frac{V_o}{V_i}$计算出电压放大倍数，填入表 1-3-2。

表 1-3-2

R_L	V_i	V_o	A_V
6 kΩ			
∞			

注意：

(1) v_i 的值即 R_s 与 C_1之间对地的交流电压。

(2) 测量交流电压时一定要用交流毫伏表，严禁使用数字万用表。

3. 输入、输出电阻测量

在 V_s 及 V_i 不变的情况，按照 $R_i=\frac{V_i}{V_s-V_i}\cdot R_s$ 计算其输入电阻。

输出电阻按照所测数据 V_{oL}及 $V_{o\infty}$ 代入公式 $R_o=\left(\frac{V_{o\infty}}{V_{oL}}-1\right)\cdot R_L$ 进行计算，并将结果填入表 1-3-3。

表 1-3-3

测试量	V_s	V_i	R_i	V_{oL}	$V_{o\infty}$	R_o
测试值						

4. 测量最大不失真输出电压

按照本实验实验原理中所述方法，调节 R_W(改变静态工作点)，用示波器观察 v_o，当输出波形同时出现削底和缩顶现象时，调节输入信号的幅度，用示波器和交流毫伏表测量 $V_{oP\text{-}P}$及 V_o 值，记入表 1-3-4。

表 1-3-4

测试量	I_C	V_{im}	V_{om}	$V_{oP\text{-}P}$
测试值				

5. 测量幅频特性曲线

保持输入信号 V_i 的幅度不变，改变信号源频率 f，采用逐点法测量幅频特性。首先调节输入信号的频率使其逐步变小，用交流毫伏表按表 1-3-5 中的数据要求测量不同频率下的输出电压，当输出电压等于原输出电压的 0.707 倍时，读取的输入信号的频率数值即为下限频率 f_L。然后将输入信号的频率逐步调大，当输出电压等于原输出电压的 0.707 倍时，此时的输入信号的频率即为上限频率 f_H，将所测数据填入表 1-3-5 中，并根据数值用对数坐标绘出幅频特性曲线的波特图。

表 1-3-5

f	$f_L=$				10^3 Hz				$f_H=$
V_o									
$A_V=\frac{V_o}{V_i}$									

6. 观察静态工作点对输出波形的影响

当 $R_L=6\ \text{k}\Omega$ 时，调节 R_W 使输出波形出现失真，画出其波形图，测量 V_{CE} 与 R_W 的值。再将 R_W 向相反方向调节，使输出波形出现失真，画出其波形图，测量 V_{CE} 与 R_W 的值，判别其各是哪种失真状态，并将所测数据填入表 1-3-6。

表 1-3-6

R_L	R_W	V_{CEQ}	输出波形	失真状态
6 kΩ				
6 kΩ				

注意：

(1) 测量 R_W 的值时，应断开电源，并将与之并联的电路断开。

(2) 观察波形失真时，若调整 R_W 还未出现失真，可适当调节输入电压 v_s，直到输出波形出现失真为止。

五、实验报告及要求

1. 测试静态工作点参数与估算工作点参数的比较、分析。
2. 记录各数据与测试波形。
3. 分别讨论 R_W，R_L 改变时对放大器输出波形、放大倍数、动态范围的影响。
4. 根据实验数据计算出电压放大倍数，与计算值比较，若有偏差，分析其原因。

六、问题及思考题

1. 根据测出的晶体管的 β 值（例 $\beta=120$），当 $R_{b1}=10\ \text{k}\Omega$，$R_W=35\ \text{k}\Omega$，$R_{b2}=10\ \text{k}\Omega$，$R_c=3\ \text{k}\Omega$，$R_e=1\ \text{k}\Omega$，$R_L=5.1\ \text{k}\Omega$，$V_{CC}=12\ \text{V}$，$V_{BE}=0.7\ \text{V}$，估算静态工作点。

2. 当原来的静态工作点在动态负载线的中心时，如果 R_W 增加，那么 V_{CE} 的值是增加还是减少？是产生饱和失真还是截止失真？

3. 在观察放大波形时，为什么要强调放大器、信号源和示波器的共地问题？

实验4　组合放大电路

一、实验目的

1. 熟悉阻容耦合放大器的级间联系及相互关系。
2. 测量多级放大器的电压放大倍数。
3. 测量放大器的频率特性。

二、实验仪器设备

交流信号发生器一台；直流稳压电源一台；双踪示波器一台；交流毫伏表一台；数字万用表一块；实验电路板一套。

三、实验原理

实验电路如图 1-4-1 所示。

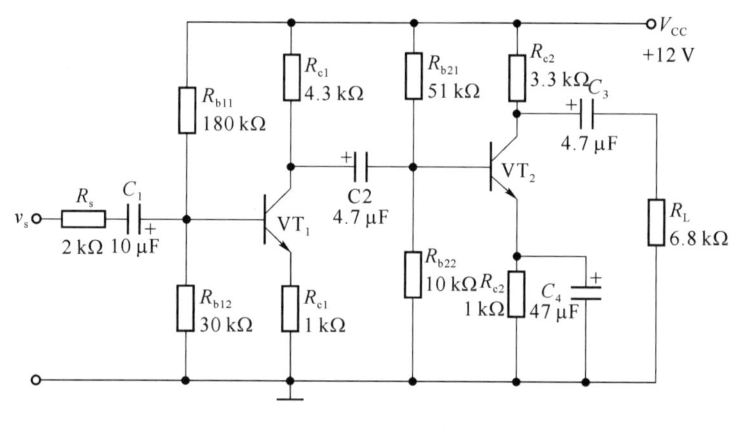

图 1-4-1

总的电压放大倍数

$$A_V=\frac{V_{o2}}{V_i}=\frac{V_{o1}}{V_i}\cdot\frac{V_{o2}}{V_{o1}}=A_{V1}\cdot A_{V2}$$

在放大电路中，当信号频率不同时，输出电压对于输入电压的幅值和相位都会发生变化，即都在随着频率的变化而变化。为此，将放大器的电压放大倍数与频率的关系称为幅频特性。就其幅频特性而言，在中频段的放大倍数 A_V 最大，而其基本上不随频率变化而变化。在中频段以外，随着频率的升高或降低，放大倍数都将随之下降。当放大倍数下降为中频放大倍数 A_V 的 0.707 倍时，相应的频率分别成为下限频率 f_L 和上限频率 f_H。

必须指出，当改变信号发生器频率时，其输出电压的大小略有变化，测放大器幅频特性时应予注意。

四、实验内容及步骤

1. 电路静态工作点测试

按图 1-4-1 连接电路，将输入端对地短接。接入直流电源 V_{CC}（+12 V），测量并记录放大电路的静态值，将测量数据填入表 1-4-1 中。

表 1-4-1

测试量	V_{B1}	V_{E1}	V_{C1}	V_{BE1}	V_{CE1}	I_{C1}
测试值						
测试量	V_{B2}	V_{E2}	V_{C2}	V_{BE2}	V_{CE2}	I_{C2}
测试值						

2. 各电路电压放大倍数的测量

断开输入端的短接线，在输入端加入正弦信号 $V_s \approx 6$ mV，$f=1$ kHz，当负载电阻 $R_L=6.8$ kΩ 时，测试各级放大器的输出电压，计算其放大倍数，并将测得数据填入表 1-4-2 中。

表 1-4-2

测试量	V_s	V_i	V_{o1}	V_{o2}	A_{V1}	A_{V2}	A_V
测试值							

注意：

(1) 测量放大器电压增益时，应在输出波形不失真的情况下读取数据。

(2) 在实验电路中，前级的输出电压 V_{o1} 在耦合电容后面测量。

(3) 前级的输出电压 V_{o1} 即是后级的输入电压。

3. 放大器的幅频特性及通频带的测量

保持输入信号幅值不变，采用逐点法测量幅频特性。调节输入信号的频率，使其逐步变小，用交流毫伏表按表 1-4-3 中的数据要求测量不同频率下的输出电压，当输出电压等于原输出电压的 0.707 倍时，读取的输入信号的频率数值即为下限频率 f_L。然后将输入信号的频率逐步调大，当输出电压等于原输出电压的 0.707 倍时，此时的输入信号的频率即为上限频率 f_H，而 $BW=f_H-f_L$。将所测数据填入表 1-4-3 中，并根据所测数据用对数坐标画出其幅频特性的波特图。

表 1-4-3

f	$f_L=$	10^2 Hz	2×10^2 Hz	3×10^2 Hz	10^3 Hz	10^4 Hz	3×10^4 Hz	10^5 Hz	$f_H=$
V_o									
$A_V=\frac{V_o}{V_i}$									

五、实验报告的要求

1. 对放大器放大倍数的计算值与实测值进行分析比较。

2. 用双对数坐标纸绘出“幅频特性曲线”，并求出上、下限频率，并与理论估算值比较。

六、问题与思考题

1. 多级放大器有哪几种耦合方法，其各有哪些优缺点？
2. 在测量第二级的输入电压时，为什么要在耦合电容的负端测量？
3. 测量幅频特性 f_L，f_H 时为何该点的输出电压要取$\frac{\sqrt{2}}{2}\cdot V_o$？

实验5 放大器的频率特性

一、实验目的

1. 测量放大器的频率特性。
2. 了解电路中各参数与低频 f_L 及高频 f_H 的相互关系。
3. 了解不同耦合电容对频率特性的影响。

二、实验仪器设备

交流信号发生器一台；直流稳压电源一台；双踪示波器一台；交流毫伏表一台；数字万用表一块；实验电路板一套。

三、实验原理

实验电路如图 1-5-1 所示。

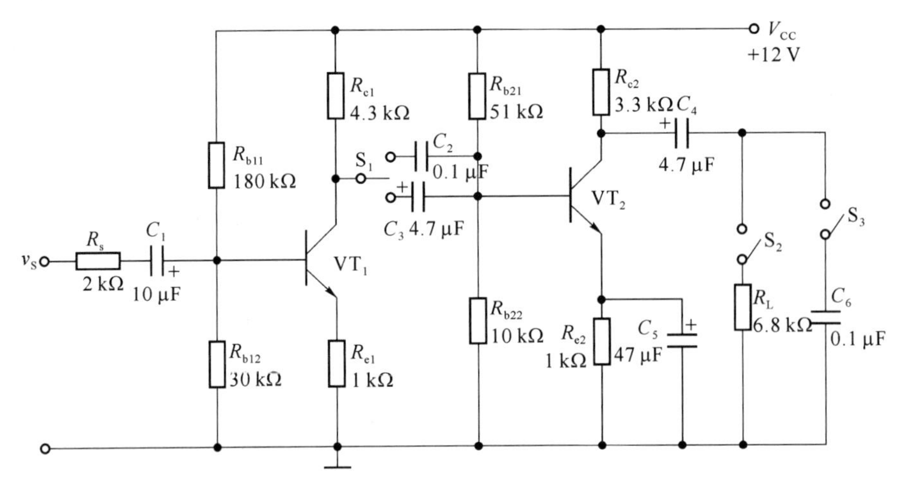

图 1-5-1

本实验主要考察电路元件参数变化对放大器频率响应的影响。由于晶体管在低频信号范围的高频段，能达到频响要求，故暂不考虑晶体管的影响（当然在中、高频放大器中是要考虑的）。

在低频段，耦合电容 C_1、C_2、C_3、C_4 和射极旁路电容 C_5 的电抗将引起放大倍数随信号频率的下降而下降，并产生附加相移。但当耦合电容取一定范围值时，它们的影响就不大，而射极旁路电容 C_5 将主要影响放大电路的低频响应。

在高频段，由于分布电容的存在及受晶体管截止频率 f_B 的限制，使放大倍数随信号频率的升高而下降，并产生附加相移。但在测量上限频率 f_H 时，如果放大电路的 f_H 远高于所用的低频信号发生器的频率范围，可人为地增大输出端电容，即在放大器输出端负载上并联电容

C_6，使 f_H 降低到信号发生器的频率范围内。因此高频响应主要取决于负载上并联电容 C_6。

四、实验内容及步骤

1. 输入端对地短接，加入直流电源 $V_{CC}=+12$ V，测量放大器各级的静态值并记录到表 1-5-1。

表 1-5-1

测试量	V_{B1}	V_{E1}	V_{C1}	V_{BE1}	V_{CE1}	I_{C1}
测试值						
测试量	V_{B2}	V_{E2}	V_{C2}	V_{BE2}	V_{CE2}	I_{C2}
测试值						

2. 各项参数对通频带的影响

（1）输入端加入正弦信号 $V_s\approx6$ mV，$f=1$ kHz，测量其电压增益 A_V（中频增益），在耦合电容为 C_2 时，改变 v_i 的频率，使频率下降，找出输出电压的峰-峰值为 0.707 倍的中频区输出电压峰-峰值时的频率，即为 f_L。再向高频方向改变频率，用同样方法可找到放大器的上限频率 f_H，因此可用逐点法测出通频带并记录表 1-5-2。

表 1-5-2

f	$f_L=$				10^3 Hz				$f_H=$
V_o									
$A_V=\frac{V_o}{V_i}$									

（2）将耦合电容换为 C_3，重新测出通频带。将所测数据填入表 1-5-3。

表 1-5-3

f	$f_L=$				10^3 Hz				$f_H=$
V_o									
$A_V=\frac{V_o}{V_i}$									

（3）将耦合电容仍接为 C_2，将负载电容 C_6 接入电路后，再次测量其通频带。将所测数据填入表 1-5-4。

表 1-5-4

f	$f_L=$				10^3 Hz				$f_H=$
V_o									
$A_V=\frac{V_o}{V_i}$									

（4）将旁路电容 C_5 接入，耦合电容仍接 C_2，去掉负载电容 C_6，再次测量其通频带。将所测数据填入表 1-5-5。

表 1-5-5

f	$f_L=$				10^3 Hz				$f_H=$
V_o									
$A_V=\frac{V_o}{V_i}$									

五、实验报告及要求

1. 整理各测量数据并按序填入表格。
2. 在同一坐标纸上绘出各通频带曲线图,并求出各上限频率 f_H 和下限频率 f_L 及 BW。
3. 比较各参数下测出的通频带,简要分析讨论。

六、问题与思考题

1. 耦合电容的大小对频率特性有什么影响?
2. 电路中各元件参数对放大器通频带有何影响?
3. 负载对频率特性有何影响?

实验6　负反馈放大电路

一、实验目的

1. 加深理解负反馈对放大电路性能的影响。
2. 掌握放大电路开环与闭环特性的测量方法。
3. 验证负反馈对放大器性能(放大倍数,幅频特性,输入电阻,输出电阻等)的影响。
4. 学会识别放大器中负反馈电路的类别。

二、实验仪器设备

交流信号发生器一台;直流稳压电源一台;双踪示波器一台;交流毫伏表一台;数字万用表一块;实验电路板一套。

三、实验原理

负反馈在电子电路中有着非常广泛的应用,虽然它使放大器的放大倍数降低,但能在多方面改善放大器的动态指标,如稳定放大器静态工作点,改变输入、输出电阻,减小非线性失真和展宽通频带等。因此,几乎所有的实用放大器都带有负反馈。

负反馈放大器有4种组态,即电压串联、电压并联、电流串联、电流并联。本实验以电压串联负反馈为例,分析负反馈对放大器各项性能指标的影响。

实验电路由两级共射放大电路引入电压串联负反馈,构成负反馈放大器。其电路如图1-6-1所示。

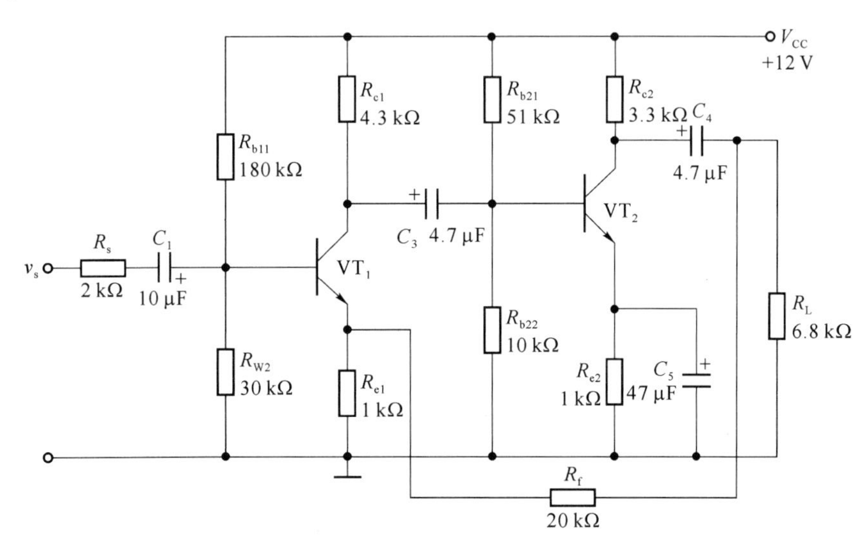

图1-6-1

电压串联负反馈对放大器性能的影响如下：

(1) 引入负反馈降低了电压放大倍数。

(2) 负反馈可提高放大器静态工作点的稳定性。

(3) 负反馈可扩展放大器的通频带。对于一般的放大电路可认为 $f_H \gg f_L$，则通频带可近似用上限频率来表示 $BW = f_H - f_L = f_H$。加了负反馈后 $BW_F = (1+AF)BW$。

(4) 负反馈对输入、输出阻抗的影响。对于电压负反馈，使输出电阻减少 $(1+\dot{A}\dot{F})$ 倍，即 $r_{oF} = \dfrac{r_o}{1+\dot{A}\dot{F}}$ 对于电流负反馈使输出电阻增加 $(1+\dot{A}\dot{F})$，即 $r_{oF} = (1+\dot{A}\dot{F})r_o$，式中 r_o 均为无反馈时输出电阻。$\dot{A}$、$\dot{F}$ 的含义以电路是电压反馈还是电流反馈，电路输入端是串联还是并联而定。

一般而言，串联负反馈可以增加输入阻抗，并联负反馈可以减小输入阻抗；电压负反馈将减小输出阻抗，电流负反馈将增加输出阻抗。

(5) 负反馈能减小反馈环内的非线性失真。放大电路的非线性失真是由于进入到晶体管特性曲线的非线性部分使输出信号出现了谐波分量，引入负反馈后可以使非线性失真系数减少 $(1+AF)$ 倍，因而减少了非线性失真。

图 1-6-1 为带有负反馈的两级阻容耦合放大电路，在电路中通过 R_f 把输出电压 v_o 引回到输入端，加在晶体管 T_1 的发射极上，在发射极电阻 R_{e1} 上形成反馈电压 v_f。根据反馈的判断法可知，它属于电压串联负反馈。其主要性能指标如下：

① 闭环电压放大倍数

$$A_F = \frac{1}{(1+AF)}$$

式中，A 为基本放大器（无反馈）的电压放大倍数即开环电压放大倍数；A_F 为闭环放大倍数；F 为反馈系数；AF 为反馈深度，它的大小决定了负反馈对放大器性能改善的程度。

若 A_m 代表中频开环放大倍数，且增益表达式只有一个主极点频率，则加入负反馈后

$$f_{HF} = f_H(1+A_mF)$$

$$f_{LF} = \frac{f_L}{(1+A_mF)}$$

其中，f_{HF}、f_{LF} 为加负反馈后的上、下限频率。

② 反馈系数

$$F_V = \frac{R_{e1}}{R_F + R_{e1}}$$

③ 输入电阻

$$R_{iF} = (1+A_mF)R_i$$

式中，R_i 为基本放大器的输入电阻。

④ 输出电阻

$$R_{oF} = \frac{R_o}{1+A'_mF}$$

式中，R_i 为开环时输入电阻；R_o 为开环时输出电阻；A_m 为开环时放大器负载电阻 $R_L = 5.1\ \text{k}\Omega$ 时中频放大倍数；A'_m 为开环时放大器负载电阻 $R_L = \infty$ 时中频放大倍数。

四、实验内容及步骤

1. 静态工作点测量

按图1-6-1连接电路，将输入端对地短接，接入直流电源V_{CC}(+12 V)，测量放大器各静态值，填入表1-6-1。

表 1-6-1

测试量	V_{B1}	V_{E1}	V_{C1}	V_{BE1}	V_{CE1}	I_{C1}
测试值						
测试量	V_{B2}	V_{E2}	V_{C2}	V_{BE2}	V_{CE2}	I_{C2}
测试值						

2. 基本放大电路的测试

(1) 测量电路电压放大倍数

取掉输入端的短接线，从输入端加入$V_s \approx 6$ mV，$f=1$ kHz的正弦信号，用示波器观察输出波形，在输出波形不失真的情况下，测量$R_L=6.8$ kΩ及$R_L=\infty$时的输出电压，将测量数据记录并填入表1-6-2，计算其开环时放大器的放大倍数。

表 1-6-2

R_L	V_s	V_i	V_o	A_V
6.8 kΩ				
∞				

(2) 测量放大电路的输入电阻、输出电阻

按照实验原理，根据表1-6-2的数据，计算其输入、输出电阻。

输入电阻
$$R_i=\frac{v_i}{v_s-v_i}\cdot R_S$$

输出电阻
$$R_o=\left(\frac{v_{o\infty}}{v_{oL}}-1\right)\cdot R_L$$

式中，$v_{o\infty}$为负载开路时放大器输出电压；v_{oL}为负载$R_L=6.8$ kΩ时放大器输出电压。并将结果填入表1-6-3。

表 1-6-3

测试量	V_s	V_i	R_i	V_{oL}	$V_{o\infty}$	R_o
测试值						

(3) 幅频特性的测量

按图1-6-1多级放大器实验中测量幅频特性的方法，保持$V_s \approx 6$ mV，$f=1$ kHz，$R_L=6.8$ kΩ不变，测量幅频特性，并将数据记录填入表1-6-4中。根据实验数据画出波特图。

表 1-6-4

f	$f_L=$				10^3 Hz				$f_H=$
V_o									
$A_V=\frac{V_o}{V_i}$									

3. 放大电路加入负反馈(闭环)后的各项性能测量

按图 1-6-1 测量基本放大器的方法,接入反馈电阻 $R_f=20\ k\Omega$,保持 $V_s\approx 6\ mV$,$f=1\ kHz$,$R_L=6.8\ k\Omega$ 不变,按照步骤逐步测量。并将结果计入表 1-6-5～表 1-6-7。

(1) 测量放大倍数 A_{VF}。

表 1-6-5

R_L	V_s	V_i	V_o	A_{VF}
6.8 kΩ				
∞				

(2) 测量放大器输入电阻 R_{if} 和 输出电阻 R_{of}。

表 1-6-6

测试量	V_s	V_i	R_{if}	V_{oL}	$V_{o\infty}$	R_{of}
测试值						

(3) 测量幅频特性,测出上限频率 f_H 和下限频率 f_L,并计算出通频带 BW。

表 1-6-7

f	$f_L=$				10^3 Hz				$f_H=$
V_o									
$A_V=\frac{V_o}{V_i}$									

(4) 观察负反馈对非线性失真的改善作用。

断开反馈电阻,逐步调节信号源的输入电压 v_i,用示波器在输出端观察输出波形,当输出波形明显出现失真时,接入反馈电阻,此时再观察输出波形的失真是否得到改善。

五、实验报告及要求

1. 总结电压串联负反馈对放大电路性能的影响,包括输入电阻、输出电阻、放大倍数及频带宽度。
2. 绘制幅频特性曲线(开环与闭环在同一坐标下)。
3. 将负反馈放大器的增益计算值与实验值进行比较,并讨论产生误差的原因。

六、问题与思考题

1. 负反馈电路对放大器哪些指标影响较大?
2. 如何分析与判断负反馈的类型?
3. 负反馈电路中电压放大倍数与哪些参数有关?

实验 7 场效应管放大电路

一、实验目的

1. 了解场效应管共源极放大器的性能特点。
2. 掌握 JFET 共源放大电路结构及参数测试方法。
3. 了解场效应管源极输出器与晶体管射极输出器的区别。
4. 了解分压—自偏压共源极放大电路的特点及其与晶体管射极偏置放大电路的区别。

二、实验仪器设备

交流信号发生器一台;直流稳压电源一台;双踪示波器一台;交流毫伏表一台;数字万用表一块;实验电路板一套。

三、实验原理

场效应管是一种电压控制型器件。按结构可分为结型和绝缘栅型两种类型。由于场效应管栅源之间处于绝缘或反向偏置,所以输入电阻很高(一般可达上百兆欧)。又由于场效应管是一种多数载流子控制器件,因此热稳定性好,抗辐射能力强,噪声系数小。加之制造工艺较简单,便于大规模集成,因此得到越来越广泛的应用。场效应管共源极放大器具有以下特点:输入阻抗高,电压放大倍数较小。

图 1-7-1 表示 N 沟道结型场效应管的漏极特性曲线族。由此可见,预夹断轨迹把特性曲线分为两部分。在预夹断前,若 v_{DS}不变,曲线的上升部分基本上为过原点的一条直线,故可以把 d、s 之间看成一个电阻,且 $r_{ds}=\frac{\Delta v_{DS}}{\Delta i_D}$,改变 v_{DS}之值,可以得到不同的电阻值,预夹断后,曲线近于水平,称为饱和区。场效应管做放大器用时,一般工作在这个区域。

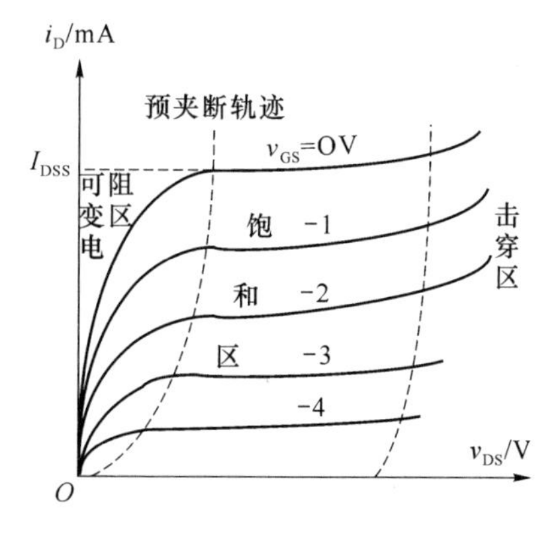

图 1-7-1

场效应管在组成放大器时,需要由偏置电路建立一个合适又稳定的静态工作点,由于场效应管是电压控制器件,因此,它只需要给栅极加上合适的偏压,一般采用自给偏压的方法给栅极加上合适的偏压。如图 1-7-2 所示的共源极放大器就是由 N 沟道结型场效应管构成的自给偏压电路。

由于栅极电流 i_G 近似为零，所以栅极电阻 R_G 上的压降近似为零，栅极 g 与地同电位，即 $v_G=0$。对结型场效应管来说，即使在 $v_{GS}=0$ V 时，也存在漏极电流 i_D，因此在没有外加栅极电源的情况下，仍然有静态电流 I_{DQ} 流经源极电阻 R_s，在源极电阻 R_s 上产生压降 $V_S(V_S=I_{DQ}\cdot R_s)$，使源极电位为正，结果在栅极与源极间形成一个负偏置电压：$V_{GSQ}=V_{GQ}-V_{SQ}=-I_{DQ}\cdot R_s$

1. 实验电路如图 1-7-2 所示

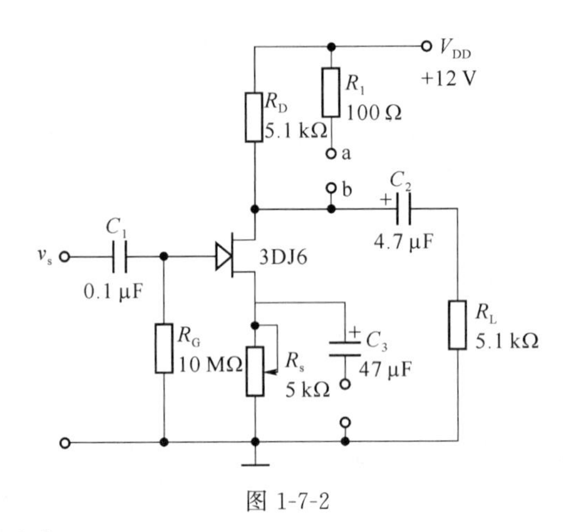

图 1-7-2

2. 结型场效应管的特点

N 沟道 JFET 工作时，在栅极与源极间需加一负电压（$v_{GS}<0$）使栅极沟道间的 PN 结反偏。当 v_{GS} 由零向负值增大时，在反偏电压 v_{GS} 的作用下，两个 PN 结的耗尽层将加宽，使导电沟道变窄，沟道电阻增大。当 $|v_{GS}|$ 进一步增大到某一定值 $|V_P|$ 时，两侧耗尽层将在中间合拢，沟道全部夹断，此时漏源极间的电阻将趋于无穷大，相应的栅源电压称为夹断电压 V_P。

3. 转移特性曲线

转移特性曲线是场效应管工作在饱和区，当 v_{DS} 为常数时，i_D 与 v_{GS} 的关系曲线，如图 1-7-3 所示。当 $v_{GS}=0$ V 时的 i_D 称为饱和漏极电流 I_{DSS}。当 $i_D=0$ 时，$v_{GS}=V_P$ 称为夹断电压。

转移特性曲线可用下式表示：

$$i_D=I_{DSS}\left(1-\frac{v_{GS}}{V_P}\right)^2 \quad （当\ 0\geqslant v_{GS}\geqslant V_P\ 时）$$

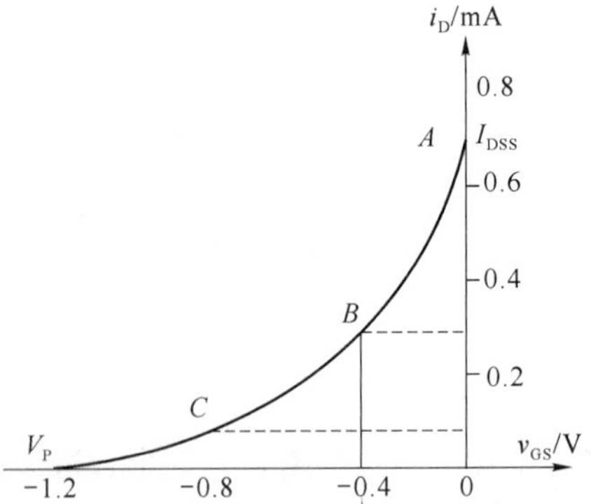

i_D/mA
0.8
A
I_{DSS}
0.6
0.4
B
0.2
C
V_P
v_{GS}/V
-1.2
-0.8
-0.4
0

图 1-7-3

此外，跨导 g_m 用来衡量场效应管栅源电压对漏极电流的控制能力，即

$$g_m=\frac{\Delta i_D}{\Delta v_{GS}}$$

4. N 沟道 JFET 共源放大电路

电路原理图可构成自偏压的共源放大电路，其静态工作点可由下式来确定：

$$v_{GS}=-i_D R_s$$

$$i_D=I_{DSS}\left(1-\frac{v_{GS}}{V_P}\right)^2$$

电压增益　$A_{VM}=\dfrac{-g_m R_L'}{1+g_m R_s}$　（源极旁路电容 C_3 未接入）

或　$A_{VM}=-g_m R_L'$　（源极旁路电容 C_3 接入）

式中　$R_L'=R_D//R_L$

四、实验内容及步骤

1. 测量漏极饱和电流

按图 1-7-2 连接电路，接入直流电源 V_{DD}（+12 V）。将源极 s 接地，保持漏极 d 和源极 s 间电压不变，当 $V_{GS}=0$ V 时（即 G、S 短接），测量漏极的电压 I_D，此时所测电流 I_D 即为漏极饱和电流 I_{DSS}。

2. 测量夹断电压并作出转移特性曲线

断开栅极 g 与源极 s 间的短接线，在栅极 g 与源极 s 间加入直流负电压。首先从 $V_{GS}=0$ V 开始按照表 1-7-1 数据逐点的要求测出 V_{GS}在不同数值的 I_D 值，一直测到当 I_D 等于 0 时，记录于表 1-7-1，并根据所测数据画出其转移特性。此时的 V_{GS}即夹断电压 V_P。

表 1-7-1

V_{GS}	0 V					
I_D						0 A

注意：

（1）在测 I_D 电流时，将数字万用表打在直流挡 200 mA 即可，将万用表串联在电路中，红表笔连接 a 点，黑表笔连接 b 点。

（2）在测电流 I_D 时，也可测量 R_d 上的电压，计算其电流。

（3）所谓负压，就是将直流电源“+”端接在源极 s 端，将“−”端接在栅极 g 端。

3. JFET 共源放大器

（1）测静态工作点

接通电源 V_{DD}（+12 V），输入端对地短接，调节 R_s 使 V_{DS}近似等于 6 V，测出此时的 V_G、V_S、V_D 和 I_D 的值，记录之，并填入表 1-7-2。

表 1-7-2

V_{DS}	V_G	V_D	V_S	I_D
6 V				

(2) 测量场效应放大电路的电压增益

去掉输入短接线,将输入端加入 $f=1$ kHz,$v_s=300$ mV 的正弦信号,当源极旁路电容 C_3 断开和连接时,分别测出 $R_L=5.1$ kΩ 和 $R_L=\infty$时的输出电压 v_o,记录之,并计算相应的 A_V,将结果填入表 1-7-3。

表 1-7-3

R_L	C_3	v_s	v_o	A_V
5.1 kΩ	断开			
5.1 kΩ	连接			
∞	断开			
∞	连接			

五、实验报告及要求

1. 根据测量数据,作出 N 沟道 JFET 的转移特性曲线。
2. 讨论 R_s 的改变对静态工作点的影响。
3. 将实验数据得到的 A_V 值与计算值比较,分析其误差原因。

六、问题及思考题

1. R_s 的变化对静态工作点的影响如何?
2. 当 R_d 和 R_l 并接时,电压增益如何变化?
3. 怎样才能构成源极输出电路,此时电压增益如何计算?在 $R_L=5.1$ kΩ 和 $R_L=\infty$两种情况下,哪一种更接近于 1?
4. 撤除源极旁路电容对放大器电压增益有何影响?

实验8　集成功率放大电路

一、实验目的

1. 掌握测量集成功率放大电路主要电路指标的方法。

2. 理解功率放大电路的工作原理，熟悉低频集成功率放大电路 LA-4100 系列及其应用电路。

二、实验设备

交流信号发生器一台；实验电路板一套；示波器和直流稳压电源各一台；交流毫伏表一台；数字万用表一块。

三、实验原理

功率放大电路的任务是将输入的电压信号进行功率放大，保证输出尽可能大的不失真功率，从而控制某种执行机构，如使扬声器发出声音、电机转动或仪表指示等。

LA-4100 系列低频集成功率放大电路是单片式集成电路，特别适合在低压下工作。LA-4100 型集成功放输出功率是 1 W，推荐电源电压为 6 V，负载电阻为 4 Ω；本实验采用 LA-4100 型单片式集成功率放大电路，此集成电路是带散热片的 14 脚双列直插式塑料封装结构，其结构外形和管脚图如图 1-8-1 所示。

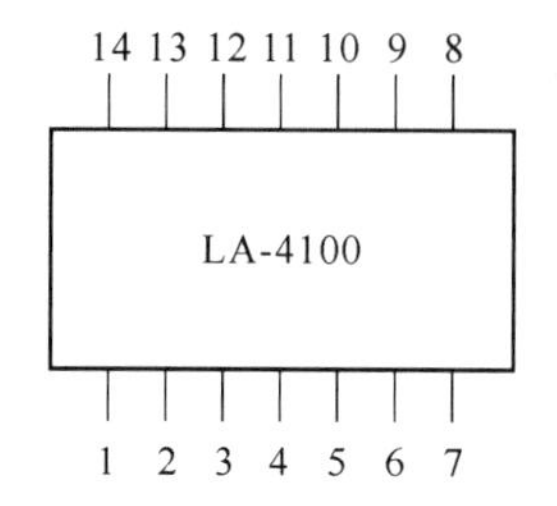

1—输出；2—空脚；3—地；4—消振；5—消振；6—反馈；7—空脚；8—偏流；9—输入；10—拟制纹波；11—空脚；12—去耦；13—自举电容；14—电源

图 1-8-1

实验电路如图 1-8-2 所示，是由 LA-4100 型单片式集成功率放大电路组成的 OTL 应用电路。

其外部元件的作用和选择如下：

1. R_f、C_3 和内部电阻 R_{11}（阻值为 20 kΩ）组成交流负反馈支路，以控制功放级的电压增益。R_f 可按下列公式求得：

$$R_f \leqslant \frac{R_{11}}{|A_{Vf}|-1}$$

C_3 为隔直电容，在低端频率 f_L 时保证反馈电压增益不变可按下列公式求得：

$$C_3 \geqslant \frac{1}{2\pi f_L R_f}$$

2. C_4、C_5 为补偿电容，其作用是用来防止可能产生的高频寄生振荡。若 C_4 减小，功放带宽将增加，一般取 50～200pF，C_5 也是用来消除自激，一般取 50pF。

3. C_1、C_7 分别是输入、输出隔直耦合电容。C_1、C_7 可按下列公式求得：

$$C_1 = \frac{3 \sim 5}{2\pi f_L R_i}$$

式中的 R_i 为功放的输入电阻，约为 12～20 kΩ；

$$C_7 = \frac{3 \sim 5}{2\pi f_L R_L}$$

4. C_2 为电源去耦电容，可消除低频自激。一般取 100～220 μF。

5. C_6 为自举电容，和内部的隔离电阻 R_{10}（100 Ω）构成自举电路，可以提高输出电压的正向输出幅度，避免输出电压的正半周出现削顶失真。为保证低频时的自举作用，取值应大些。一般可按下式求得：

$$C_6 = \frac{3 \sim 5}{2\pi f_L R_{10}}$$

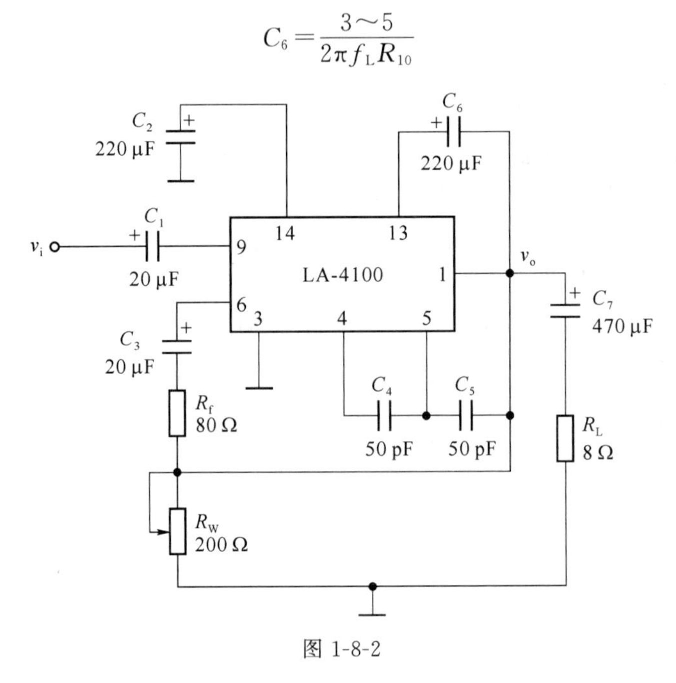

图 1-8-2

四、实验内容及步骤

1. 测量集成功放电路的输出

(1) 按照图 1-8-2 所示电路连接电路，接入直流电源 $V_{CC}=12$ V。

(2) 从输入端加入 $f=1$ kHz，$V_i=50$ mV 的正弦波信号。

(3) 用示波器观察输出电压的波形，并与输入信号波形进行比较。

(4) 用毫伏表测量输出交流电压 V_o。并计算放大电路的输出功率，将数据填入表 1-8-1。

表 1-8-1

V_i	V_o	$P_o=\frac{V_o^2}{R_L}$

2. 最大不失真输出功率

保持上述电路不变，接入正弦波信号，其 $f=1\ \text{kHz}$，用示波器观察输出信号的波形。将输入信号从零开始逐渐增大，直到输出波形恰好为不失真为止，用毫伏表测量此时的最大不失真输入电压 V_i、输出电压 V_o，并计算其最大不失真输出功率，将数据填入表 1-8-2。

表 1-8-2

V_i	V_o	$P_{om}=\frac{V_o^2}{R_L}$

3. 测量放大电路的效率

将万用表串联在电源和输入端中间，测量电源输出电流，计算出电源供给的功率 $P_V=V_{CC}\cdot I$ 和放大器的效率 $\eta_m=\frac{P_{om}}{P_V}$，并将结果填入表 1-8-3。

表 1-8-3

V_{CC}	I	P_V	η_m

4. 验证集成功放电路的功率放大作用

(1) 将实验电路的输出电压信号接于一个内阻为 8 Ω 的喇叭两端，逐渐增加实验电路的输入信号幅度，观察对应的输出信号波形，并将输出调至最大(不失真)。

(2) 将输入信号幅度调回至 50 mV，电路其他部分保持不变，逐渐改变实验电路的输入信号频率，观察对应的输出信号波形变化。

五、实验报告及要求

1. 整理实验数据。
2. 画出相应的波形。
3. 比较有自举电容和没有自举电容时的输出波形。

六、问题与思考

1. 在实验中为什么要严格禁止将集成功放的输出端与地短接？
2. 为什么测量集成功放的输入、输出电压幅度时，只有信号频率在 1 kHz 时，用毫伏表测量所得到结果才是准确的？

实验9 互补对称功率放大电路

一、实验目的

1. 了解互补对称功率放大器的调试方法。
2. 测量互补对称功率放大器的最大输出功率及效率。
3. 了解自举电路原理以及对改善互补对称功率放大器的性能所起的作用。

二、实验设备

交流信号发生器一台；直流稳压电源一台；双踪示波器一台；交流毫伏表一台；数字万用表一块；实验电路板一套。

三、实验原理

如图 1-9-1 所示为甲乙类 OTL 功放电路。

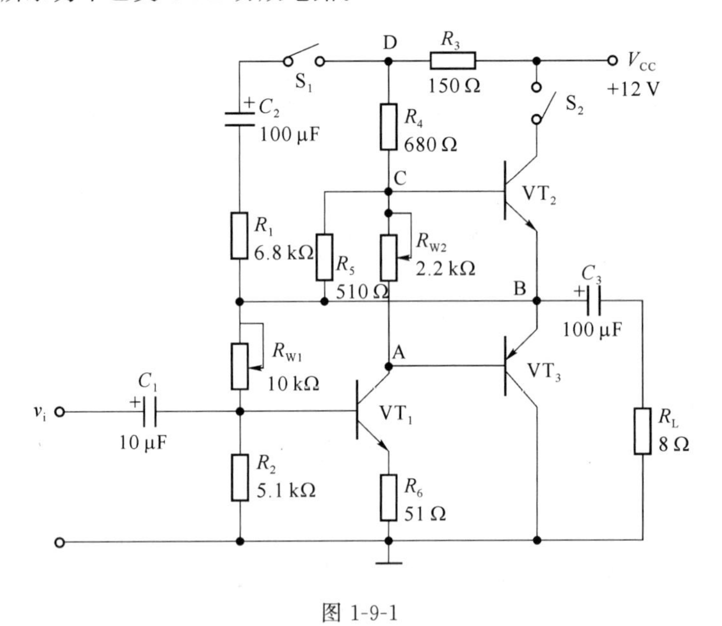

图 1-9-1

图 1-9-1 所示低频功率放大器由晶体三极管 VT_1 组成推动级，VT_2、VT_3 是一对参数相同的晶体三极管，它们组成互补对称功放电路。由于每一个管子都接成射极输出器形式，因此具有输出电阻低，负载能力强等优点，适合于作功率输出级。

设输入电压 $v_i=V_{im}\sin\omega t$，当 $0\leqslant\omega t\leqslant\pi$ 时，输入电压的正半波经 VT_1 管反向加到 VT_2 和 VT_3 管的基极，使 VT_2 截止，VT_3 管导通，从而在负载电阻 R_L 上形成输出电压 v_o 的负半波；当 $0\leqslant\omega t\leqslant\pi$ 时输入电压的负载波经过 VT_1 反向后使 VT_3 管截止，VT_2 管导通，从而在负载电阻上形成输电压 v_o 的正半波；当输入电压周而复始地变化时，输出功放管 VT_2 与 VT_3 交替工作，负载电阻 R_L 上得到完整的正弦波。并且在电路中引入了 R_{W2} 和 R_5 并联支路，通过调节 R_{W2} 的大小为 VT_2，VT_3 提供微小的直流偏量，以消除交越失真。

上述功放是在理想情况下，输出电压降值是 $V_{om}=\frac{V_{CC}}{2}$，实际上达不到这个数值。因此实际的互补对称功率放大器的电路上采用自举电路以提高输出幅度。

由 R_3 和 C_2 组成自举电路，在静态情况下 C_2 两端的电压为

$$V_{C2}=\frac{V_{CC}}{2}-V_{R3}\approx\frac{V_{CC}}{2}$$

因时间常数 R_3、C_2 足够大，则 V_{C2} 可以认为不随输入信号变化而变化，这样一来，当输入信号为负半波时，VT_2 管导通，V_B 由 $\frac{V_{CC}}{2}$ 向正的方向变化时，d 的电位 V_D 便随之增加，从而能给 VT_2 管子提供足够的基极电流，使功放的输出电压幅度增加。

OTL 电路的主要性能指标如下：

1. 最大不失真输出功率 P_{om}

理想情况下，$P_{om}=\frac{V_{CC}^2}{8R_L}$；在实验中可通过测量 R_L 两端的电压有效值，来求得实际的 $P_{om}=\frac{V_o^2}{R_L}$。

2. 效率 η_m

$$\eta_m=\frac{P_{om}}{P_V}$$

式中，P_{om} 为功率放大器的最大输出功率；P_V 为直流电源供给的平均功率。

理想情况下，效率 $\eta_m=78.5\%$；在实验中，可测量电源供给的平均电流 I，从而求得 $P_V=V_{CC}I$，负载上的交流功率已用上述方法求出，因而也就可以计算实际效率了。

3. 在理想状态下，直流电源供给的平均功率

$$P_V=\frac{4}{\pi}P_{om}$$

四、实验内容及步骤

1. 按图 1-9-1 连接电路，接入直流电源 $V_{CC}=12$ V，调节 R_{W1} 使 $V_B=\frac{V_{CC}}{2}$。

2. 从输入端加入 $V_i=30$ mV，$f=1$ kHz 的正弦信号，用示波器观察其输入波形，在不失真的情况，测量其输出电压 V_o。计算放大器的输出功率 $P_{om}=\frac{V_o^2}{R_L}$，将结果填入表 1-9-1。

表 1-9-1

V_i	V_o	$P_{om}=\frac{V_o^2}{R_L}$

3. 断开开关 K_2，将万用表串联在电路中（直流电流挡 200 mA），测量电源电流，计算出电源供给的功率 $P_V=V_{CC}I$ 和放大器的效率 $\eta_m=\frac{P_{om}}{P_V}$，将结果填入表 1-9-2。

表 1-9-2

V_{CC}	I	P_V	η_m

4. 闭合开关 K_1，加入自举电路，测量其放大器的输出电压 V_{om} 和电源电流，计算放大器的输出功率和效率，将结果填入表 1-9-3。

表 1-9-3

V_i	V_{om}	P_{om}	V_{CC}	I	P_V	η_m

5. 调节 R_{W1}，用示波器观察放大器的交越失真，并画出其波形。

五、实验报告及要求

1. 整理实验数据，并对有关结果进行分析。
2. 画出其交越失真波形。

六、问题及思考题

1. 实验中所测得的 OTL 电路效率比理论值 78.5%小，试分析这是由哪几个方面的因素造成的。应如何提高 OTL 电路的效率？
2. 交越失真是什么原因造成的？应如何消除？
3. 分析自举电容 C_2 在电路中的作用以及对功放频带宽度的影响。

实验 10　差动放大电路

一、实验目的

1. 加深理解差动放大器的特点。
2. 学会测量差动放大器差模电压增益、共模电压增益的方法。
3. 掌握提高差动放大器共模抑制比的方法。

二、实验仪器设备

交流信号发生器一台；直流稳压电源一台；双踪示波器一台；交流毫伏表一台；数字万用表一块；实验电路板一套。

三、实验原理

1. 实验电路(如图 1-10-1 所示)

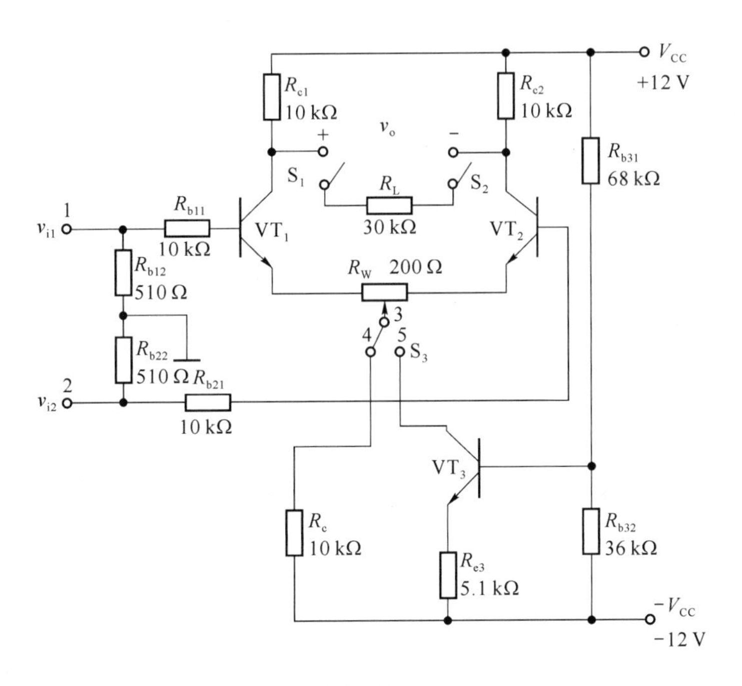

图 1-10-1

差动放大器是一种零点漂移十分微小的直流放大器，是电子线路的基本单元电路之一。在分立元件电路中常作为多级直流放大器的前置级，采用直接耦合方式，便于集成。在模拟集成电路中广泛应用。

差动放大电路可以看成是由两个电路参数相同的单管交流共射放大器组成的放大电路。

差动放大电路对差模输入信号具有放大能力，而对共模输入信号具有很强的抑制作用。差模信号是指电路的两个输入端输入大小相等、极性相反的信号。共模信号是指电路的两个输入端输入大小相等、极性相同的信号。

典型差动放大电路依靠发射极电阻 R_e 的强烈负反馈作用来抑制零点漂移。R_e 越大，其抑制能力就越强；但 R_e 越大，就更需增加发射极电源电压。为解决这一矛盾，在差动放大电路中常用晶体管组成的恒流源电路来代替电阻 R_e。

差动放大电路的输入方式有单端输入和双端输入之分，输出方式有单端输出和双端输出之分。无论输入采用何种方式，其双端输出的差模放大倍数 A_D 都等于单管电压放大倍数；而单端输出的差模放大倍数则等于双端输出的一半。共模放大倍数 A_C 在理想情况下等于零，而实际情况中 A_C 并不等于零。

2. 差模电压放大倍数 A_{VD}

在差分放大器的两输入端分别输入大小相等、极性相反的信号称为差模输入。在差模输入时，输入电压与输出电压之比称为差模电压放大倍数，用 A_{VD} 表示。

（1）双端输出时（输入不论是双端还是单端），差模电压放大倍数的理论值为

$$A_{VD}=\frac{\beta R'_L}{r_{be}+(1+\beta)\frac{R_W}{2}}=\frac{v_{o1}+v_{o2}}{v_1} \tag{1-10-1}$$

（2）单端输出时（输入不论是双端还是单端），差模电压放大倍数的理论值为

$$A_{VD}=\frac{A_{V1}}{2}=\frac{v_{o1}}{v_1} \tag{1-10-2}$$

3. 共模电压放大倍数 A_{VC}

在差分放大器的两输入端分别输入大小相等、极性相同的信号称为共模输入。在共模输入时，输入电压与输出电压之比称为共模电压放大倍数，用 A_{VC} 表示。

（1）双端输出时（输入不论是双端还是单端），共模电压放大倍数的理论值为

$$A_{VC}\approx 0 \tag{1-10-3}$$

（2）单端输出时（输入不论是双端还是单端），共模电压放大倍数的理论值为

$$A_{VC1}=A_{VC2}\approx -\frac{R_c}{2R_{e1}} \tag{1-10-4}$$

4. 共模抑制比 K_{CMR}

共模抑制比用来表征差分放大器对共模信号抑制能力的大小，它定义为差模信号与共模信号之比的绝对值，用 K_{CMR} 表示。即

$$K_{CMR}=\left|\frac{A_{VD}}{A_{VC}}\right| \tag{1-10-5}$$

为了提高共模抑制比，实际电路中往往用恒流源代替 R_e，这是因为恒流源具有较大的动态电阻。

注意：实验电路中，将开关 S_3 置于 4 点，发射极接共模反馈电阻 R_e；将 S_3 置于 5 点，发射极接恒流源。

信号源用低频信号发生器，其输出接 1、2 两点时，电路输入差模信号；当 1、2 两点短接，将信号源接至 1 和地之间时，电路输入共模信号。

四、实验内容及步骤

1. 调平衡和静态工作点测量

连接 3、4 两点，将输入端短路并接地，在两输出端之间接入万用表，接通正负电源后，调节 R_W 使 $V_o=0$。即 $V_{C1}=V_{C2}$（用数字万用表直流电压挡），然后用数字万用表直流电压挡分别测量 T_1 和 T_2 的基极、集电极、发射极电压，并记入表 1-10-1 中。

表 1-10-1

测试量	V_{C1}	V_{C2}	V_{E1}	V_{E2}	V_{B1}	V_{B2}
测试值						

2. 差模放大倍数的测量

（1）双端输入差模放大倍数 A_{VD} 的测量

去掉输入端之间的短接线，将函数发生器的输出端分别与实验线路的 1、2 点连接，便组成双端输入差模放大电路。调节函数发生器为正弦输出，且输出 $f=400$ Hz，有效值约为 100 mV 的差模电压信号，用数字万用表交流电压挡测量单端输出电压 V_{o1}、V_{o2} 和双端输出电压在 R_e 上的电压降 V_{R_e}，将上述测量结果记入表 1-10-2 中，并计算放大倍数 A_{VD} 值，同时记入表 1-10-2 内。

（2）单端输入差模放大倍数 A_{VD} 的测量

将函数发生器接地端连接的 1 点（或 2 点）与地短接，即组成单端输入差模放大电路。分别测量 V_{o1}、V_{o2}、V_o 和 V_{R_1}，计算放大倍数 A_{VD}，并将所测数据与计算结果记入表 1-10-2 中。

3. 共模放大倍数 A_{VC} 的测量

拆去函数发生器与实验板的连接后，重新将函数发生器的输出正端连至实验板的 1、2 两点（1、2 点间短接），接零端连至实验板的地，便组成共模放大电路。保持输入信号频率和大小不变，分别测 V_{o1}，V_{o2} 和 V_{R_1}，计算放大倍数 A_{VC}，并将上述测量与计算结果记入表 1-10-2 中。

由测量出的 A_{VD} 和 A_{VC} 值，计算 K_{CMR} 值。

表 1-10-2

400 Hz 100 mV		V_{o1}	V_{o2}	V_o	V_{R_e}	A_{VD1}	A_{VD2}	A_{VC1}	A_{VC2}	A_{VD}	A_{VC}
差模	双端输入										
	单端输入										
共模输入											
双端输入、单端输出的 K_{CMR}											

4. 具有恒流源的差动放大电路

在图 1-10-1 中先断开 3、4 两点连线点，再将 3、5 点连通，并去掉实验电路与函数发生器的连线。

（1）调平衡

短接 1、2 两点并与地线连接，调节 R_W 使 $V_{C1}=V_{C2}$。并使其与 $R_e=10\ \text{k}\Omega$ 时的 V_{C1} 值相等。

(2) 差模放大倍数 A_{VD} 的测量

拆去 1、2 与地的短接线，将实验电路接成双端输入形式，保持 $f=400$ Hz，$V_i=100$ mV 不变，测量 V_{o1}、V_{o2}，计算放大倍数 A_{VD}，并记入表 1-10-3 中。

(3) 共模放大倍数 A_{VC} 的测量(按典型差动放大器共模放大倍数方法进行)

表 1-10-3

400 Hz 100 mV	V_{o1}	V_{o2}	V_o	A_{VD1}	A_{VD2}	A_{VC1}	A_{VC2}	A_{VD}	A_{VC}
差模输入							/	/	/
共模输入						/	/	/	
双端输入、单端输出的 K_{CMR}									

5. 观察温度漂移现象

(1) 拆去输入信号，短接 1、2 并接地，将放大器接成典型的差动放大电路，调平衡后再用手分别握住 VT_1、VT_2 管的外壳，并用数字万用表直流电压挡监视输出电压 V_o 的变化，经30 s 左右时间，记下 V_o 的漂移数值。

(2) 在完成上述观察，经一定时间待管子温度恢复正常后，对放大器重新调零，再用一只手握住 VT_1 管的外壳，并观察经相同时间 V_o 的漂移数值。

五、实验报告及要求

1. 整理所测数据及理论计算值并比较。

2. 比较在静态工作点、差模电压放大倍数、共模电压放大倍数测试中理论值和测试值之间的差异，造成这些差异的原因是什么？

3. 静态工作点设置是否正常？若不正常，如何调整？判断有无零漂，若有，需要增加哪些器件和连线？如何调整从而抑制零漂？

六、问题及思考题

1. 在实验中，负载变化对差动放大电路放大倍数有何影响？

2. 在两管不对称情况下，为了使输出端相对直流电位为零，滑线变阻器 P 点是否应在 R_W 中点？若把 P 点往 VT_1 侧滑动，其两管集电极对地电位将怎样变动？

3. 在实验图 1-10-1 中，$\frac{1}{2}R_W$ 与 R_e 所起负反馈作用有何不同？R_e 值的提高受到什么限制？如何解决这一矛盾？

实验 11 *RC* 桥式正弦波振荡器

一、实验目的

1. 掌握 *RC* 正弦波振荡器及选频放大器的工作原理。
2. 测量正弦波的幅度、频率并与理论比较。
3. 了解 *RC* 网络的选频特性和测试方法。

二、实验仪器设备

交流信号发生器一台；直流稳压电源一台；双踪示波器一台；交流毫伏表一台；数字万用表一块；实验电路板一套。

三、实验原理

RC 桥式正弦波振荡器实验电路如图 1-11-1 所示。

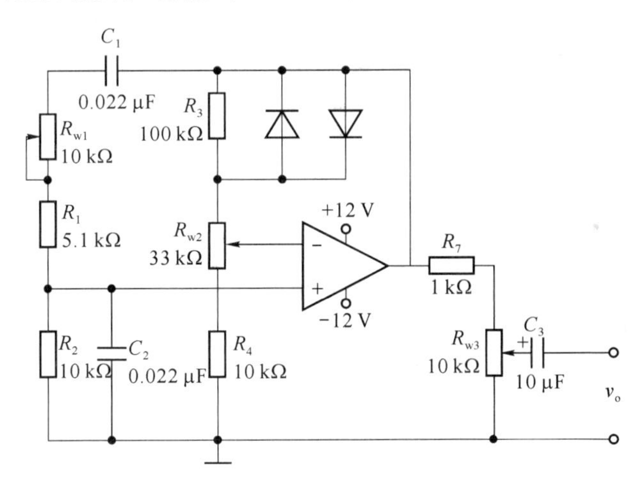

图 1-11-1

正弦波振荡器是一种具有选频网络和正反馈网络的放大电路，其自激震荡的条件是环路增益为 1，即 $A \cdot F=1$，其中 A 为放大电路的放大倍数，F 为反馈系数。为了使电路能够起振，还应该使环路增益 $A \cdot F>1$。根据选频网络的不同，可以把正弦波振荡电路分为 *RC* 振荡电路和 *LC* 振荡电路，其中 *RC* 振荡电路主要用于产生小于 1 MHz 的低频信号。

运算放大器可以广泛用于正弦波发生器，其原理是将一无源（选频）网络接入正反馈电路，从而产生一定的频率振荡。在一般情况下，由于电路参数，放大器参数总要随外界环境和电路的工作状态而变化，因而需要加非线性反馈来自动稳定其工作状态，以提高振荡器的稳定性。

RC 桥式振荡器的实验电路如图 1-11-1 所示。该电路由 3 部分组成：作为基本放大器的运放；具有选频功能的正反馈网络；具有稳幅功能的负反馈网络。

四、实验内容与步骤

1. 调整测试有稳幅二极管的 *RC* 振荡器

按图 1-11-1 连接电路，运算放大器选用 LM324。根据起振要求，电压负反馈电路的电压放大倍数要略大于 3，调节电位器 R_{W2}，使电路起振且输出良好的正弦波，用交流电压表测量输出电压的有效值 V_o 和 V_+ 之值，并观察 V_o 之值是否稳定，输出波形是否失真。调节 R_{W3} 测量无明显失真时的变化范围。将实验数据填入表 1-11-1。

表 1-11-1

V_o	V_+	V_{omax}	V_{omin}

2. 测量振荡频率 f_o

(1) 用示波器测取 f_o

用示波器内的光标测量功能读出 T，计算获得 f_o。

(2) 用函数信号发生器的频率计功能测量振荡频率 f_o

振荡电路的输出电压与函数信号发生器的“计数器输入”端连接，按下函数信号发生器的“外测频率”各相关控制键后，在函数信号发生器的显示器上显示被测信号的频率 f_o。将实验数据填入表 1-11-2。

表 1-11-2

幅值	周期	频率	频率计读数

3. 测量无稳幅二极管的 *RC* 振荡器

去掉两个二极管，接上 5.1 kΩ 电阻，再细调电位器 R_{W2}，使输出波形为无明显失真的正弦波，测量输出波形的频率并与计算值比较。用电压表观察 V_o 之值是否稳定，用示波器观察正弦波产生过程的变化，并绘制出有无二极管时的波形。

4. 测量反馈系数 *F*

(1) 测量输出电压 V_o、V_-，计算反馈系数 F。

(2) 关掉电源，分别测量 R_3、R_4、R_6、R_7 的值，根据公式

$$F=\frac{R_5+R_6}{R_3+R_4+R_6+R_7}$$

计算负反馈系数，式中 $R_{W2}=R_6+R_7$。将计算值与测量值比较。将实验数据填入表 1-11-3。

表 1-11-3

R_3	R_4	R_6	R_7	F(测量值)	V_o	V_-	F(计算值)

五、实验报告及要求

1. 总结 *RC* 桥式振荡电路的振荡条件。

2. 整理3种测试频率的方法，比较测试结果。

3. 根据改变负反馈电阻对输出波形的影响，说明负反馈在RC振荡电路中的作用。

4. 记录v_i和v_F的波形，并说明两者之间的相位关系。

六、问题及思考题

1. 实验电路中的振荡电路基本组成包括几个部分？

2. 实验电路中的正反馈支路、负反馈支路各由什么元件构成？各自的作用是什么？

3. 实验电路中，调节R_{W1}和R_{W2}的大小，对输出波形会产生什么影响？

实验 12 集成运算放大器的线性应用

一、实验目的

1. 了解由集成运放组成的反相、同相、加法、减法等运算电路。
2. 掌握集成运放的正确使用方法。
3. 掌握集成运放构成各种运算电路的原理和测试方法。

二、实验仪器设备

交流信号发生器一台；直流稳压电源一台；双踪示波器一台；交流毫伏表一台；数字万用表一块；实验电路板一套。

三、实验原理

集成运放是一种通用性较强的线性集成器件，属于高增益、高输入阻抗、低漂移的直流放大器。若在它的输出端与输入端之间加上不同的反馈网络，则可以实现不同的电路功能。反馈网络为线性电路时，运算放大器可以实现放大、加、减、微分和积分等运算功能；反馈网络为非线性电路时，可实现对数、指数、乘、除等运算以及其他非线性变换功能；施加线性或非线性正反馈，或将正负反馈结合，可以产生各种模拟信号，如正弦波、三角波、脉冲波等。

集成运放是人们对理想放大器的一种实现。一般在分析集成运放的实用性能时，为了方便，通常认为运放是理想的，即具有如下的理想参数：

(1) 开环电压增益 $A_{V_o}=\infty$；

(2) 差模、共模输入电阻 $R_{id}=\infty$，$R_{ic}=\infty$；

(3) 输出电阻 $R_o=0$；

(4) 开环带宽 $BW=\infty$；

(5) 共模抑制比 $K_{CMR}=\infty$；

(6) 失调电压、失调电流 $V_{IO}=0$，$I_{IO}=0$。

理想运放在线性应用时的两个重要特性：

(1) 输出电压 v_o 与输入电压 v_i 之间满足关系式

$$v_o=A_{V_o}(v_+-v_-)$$

由于 $A_{V_o}=\infty$，而 v_o 为有限值，因此，$v_+-v_-\approx 0$，即 $v_+\approx v_-$，称为“虚短”。

(2) 由于 $r_i=\infty$，故流进运放两个输入端的电流可视为零，即 $I_{IO}=0$，称为“虚断”。这说明运放对其前级吸取电流极小。

上述两个特性是分析理想运放应用电路的基本原则，可简化运放电路的计算。

由于集成运放有两个输入端，因此按输入接入方式不同，可有 3 种基本放大组态，即反相放大、同相放大和差动放大组态，它们是构成集成运放系统的基本单元。

LM324 四运算放大器如图 1-12-1 所示，内含有 4 个特性近乎相同的高增益，具有内部频率补偿的单电源(也可用双电源)运算放大器。电路可以在+5~+15 V 内工作,功耗低,每个运放静态功耗约为 0.8 mW ,但驱动电流可达 40 mA。

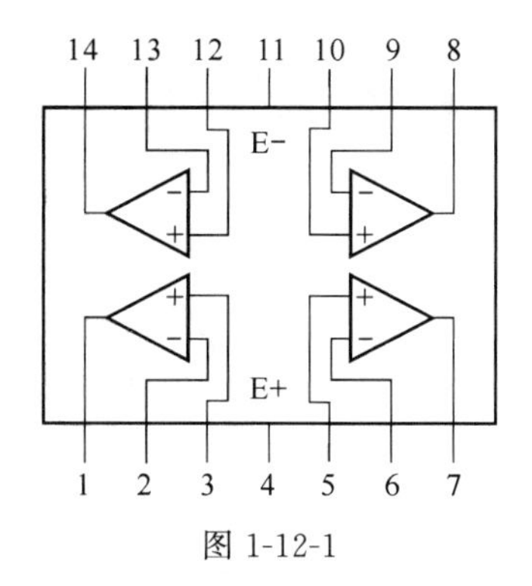

图 1-12-1

LM324 主要参数如下:

电压增益 100 dB;单位增益带宽 1 MHz;输入失调电压 2 mV;输入失调电流 5n A~50 nA;单电源工作范围 3~30 V DC;输入共模电压范围 0~V_+——1.5 V DC(单电源时),V_-~V_+——1.5 V DC(双电源时);输出电压幅度 0~V_+——1.5 V DC (单电源时);差动输入电压 32 V;工作温度 0~70℃。

四、实验内容及步骤

1. 反相放大器

反相放大电路如图 1-12-2 所示。

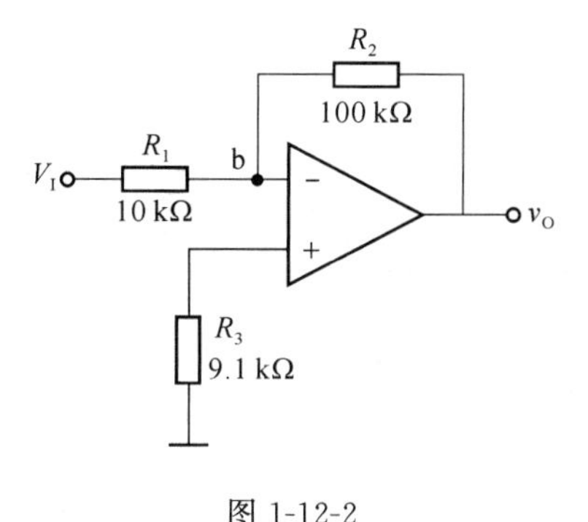

图 1-12-2

加入±12 V 直流电源,按图 1-12-2 连接好实验电路,在反相端加入直流信号 V_I,测出表 1-12-1 中各电压值,计算放大倍数。设组件为理想元件,则输入电阻 $R_{if} \approx R_{f1}$;$A_f = \frac{V_O}{V_I} = -\frac{R_2}{R_1}$(图 1-12-2 中 $R_3 = R_1 // R_2$)。

表 1-12-1

V_I	50 mV	100 mV	200 mV	500 mV
V_b				
V_o(实测值)				
A_f				
V_o(理论值)				

注意:

(1) 在实验前应先检查 LM324 芯片是否插好,应将芯片的缺口方向向左,对准插座上的缺口插好。

(2) 将实验电路的接地端与电源的接地端相连接。

2. 同相放大器

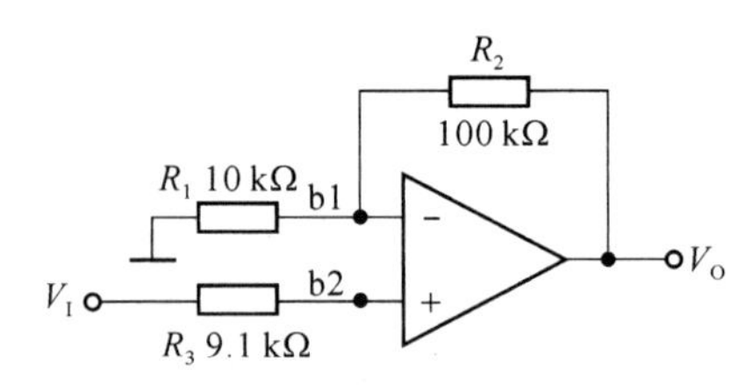

图 1-12-3

电路如图 1-12-3 所示,若组件为理想元件,则 $R_{if}\approx\infty$;而

$$A_f=1+\left(\frac{R_2}{R_1}\right)=R_1+\frac{R_2}{R_1}$$

按图 1-12-3 连接好电路,在同相端加入直流信号 V_I,测出表 1-12-2 中各电压值,计算电压放大倍数(图 1-12-2 中 $R_3=R_1/\!/R_2$)。

表 1-12-2

V_I	50 mV	100 mV	200 mV	500 mV
V_{b1}				
V_{b2}				
V_o(实测值)				
A_f				
V_o(理论值)				

注意:在放大器的两个输入端 b_1、b_2 上有共模电压,其值为 V_i。

3. 减法器(差动放大器)

电路如图 1-12-4 所示,若 $R_1=R_3$,$R_2=R_4$,且其组件均为理想元件,则 $v_O=\left(\frac{R_2}{R_1}\right)\cdot(v_B-v_A)$,$A_f=\frac{R_2}{R_1}$,即输出电压正比于两个输入信号之差。

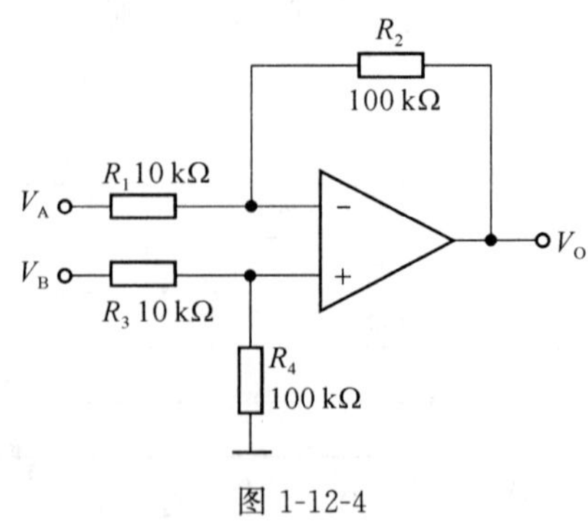

图 1-12-4

按图 1-12-4 连接电路，在两个输入端加入直流信号，按表 1-12-3 的要求测量其输出电压 V_o，计算放大倍数 A_f 填入表 1-12-3 中。

表 1-12-3

V_B	50 mV	100 mV	200 mV	500 mV
V_A	20 mV	50 mV	100 mV	200 mV
V_B-V_A				
V_o(实测值)				
A_f				
V_o(理论值)				

4. 加法器(反相端加法器)

图 1-12-5 所示为反相输入加法器。由于 b_1 点是虚地点，$I_{b1}\approx 0$，因此，$v_O=-\left(\frac{R_3}{R_1}v_A+\frac{R_3}{R_2}v_B\right)$，图 1-12-5 中 $R_4=R_1 /\!/ R_2 /\!/ R_3$。

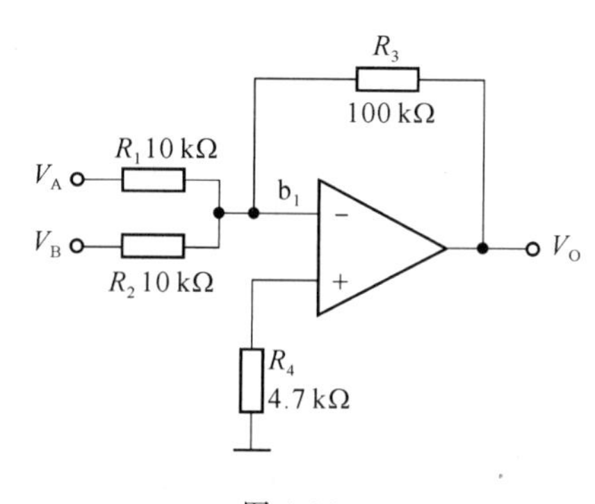

图 1-12-5

电路按图 1-12-5 连接电路，在两个输入端加入直流信号，测出表 1-12-4 中各电压值，并计算放大器放大倍数。

表 1-12-4

V_A	25 mV	25 mV	50 mV	100 mV
V_B	25 mV	50 mV	100 mV	200 mV
V_B+V_A				
V_o(实测值)				
A_f				
V_o(理论值)				

注意：在进行减法器及加法器实验时，当直流信号源不能满足时，可采用图 1-12-5 的方法，将一个信号源分离成两个即可。

5. 积分运算

图 1-12-6 所示为积分运算电路，设运算放大器为理想器件，当 $R_f=\infty$时，其输出电压为

$$v_O=-\frac{1}{R_1C}\int v_I\,dt$$

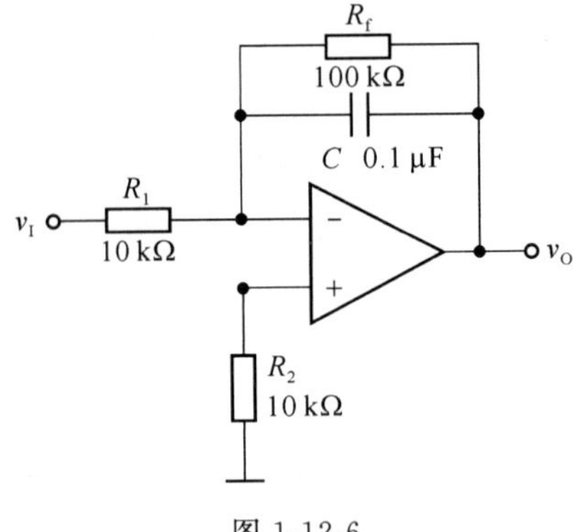

图 1-12-6

按图 1-12-6 连接电路，用函数发生器输入方波信号 $V_i=3$ V，$f=2$ kHz，用双踪示波器观察 v_I 和 v_O 的波形，绘出输入、输出波形。

6. 微分运算

按照图 1-12-7 连接电路，用函数发生器输入方波信号 $V_i=3$ V，$f=2$ kHz，用双踪示波器观察 v_I 和 v_O 的波形，绘出输入、输出波形。

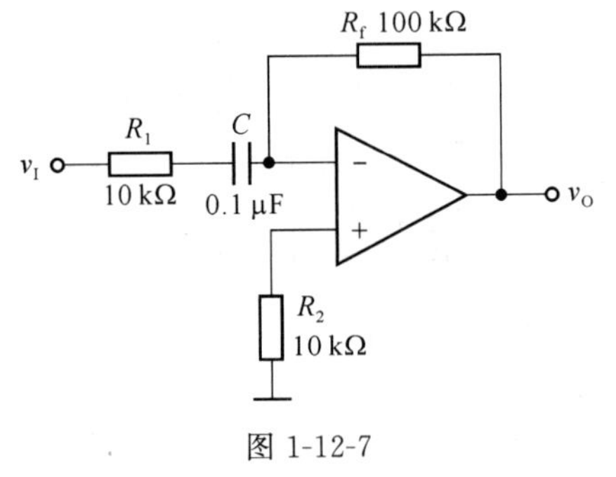

图 1-12-7

实验电路板图如图 1-12-8 所示。

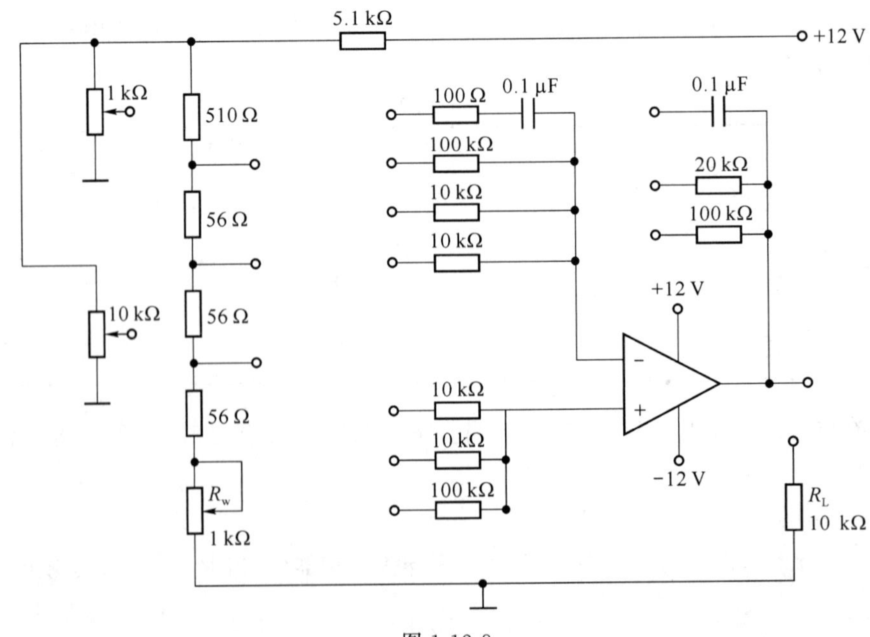

图 1-12-8

五、实验报告及要求

1. 将理论值与实测数据比较，说明误差原因。

2. 根据实测的结果，在同一坐标纸上绘出同相、反相放大器的 $V_i \sim V_o$ 关系曲线，与计算值比较。

3. 绘出积分运算和微分运算输出和输入的波形。

六、问题与思考题

1. 放大器的放大倍数与电路中哪些参数有关？

2. 在减法器中当输入电压 V_A 和 V_B 相同时，其放大倍数为何值，为什么？

3. 用观察到的积分运算和微分运算波形来说明输出和输入的关系。

实验 13　集成运算放大器的非线性应用

一、实验目的

1. 掌握运算放大器的非线性应用。
2. 学习用运算放大器实现二阶有源低通滤波器的方法。
3. 学习用运算放大器组成方波-三角波发生器的方法。

二、实验仪器设备

交流信号发生器一台;直流稳压电源一台;双踪示波器一台;交流毫伏表一台;数字万用表一块;实验电路板一套。

三、实验原理

1. 滤波器是一种能使有用频率的信号通过而同时能对无用频率的信号进行抑制或衰减的电子装置。在工程上,滤波器常被用在信号的处理、数据的传送和干扰的抑制等方面。滤波器按照组成的元件,可分为有源滤波器和无源滤波器两大类。

滤波器按照所允许通过的信号的频率范围可分为低通滤波器、高通滤波器、带通滤波器、带阻滤波器等。其中,低通滤波器只允许低于某一频率的信号通过,而不允许高于该频率的信号通过。

二阶低通滤波器比一阶滤波器具有更好的滤波效果。图 1-13-1 是一个二阶 RC 低通滤波器。它实际上是在一阶低通滤波器的基础上增加了一级 RC 电路而组成的。在图 1-13-1 中,第一级的电容 C_1 不接地而改接输出端,这种接法相当于在二阶有源滤波电路中引入了一个反馈,其目的是为了使输出电压在高频段迅速下降,但在接近于通带截止频率 f_0 的范围又不致下降太多,从而有利于改善滤波特性。

2. 方波-三角波发生器如图 1-13-2 所示。运算放大器 A_1 是一个方波信号发生器,运算放大器 A_2 是一个积分器,其原理就是将方波信号经积分器后变成三角波,其频率为 $f_0=\frac{R_3}{4R_{W1}R_{W2}C}$。三角波的频率可通过调节 R_{W2} 或改变电容 C 来实现。若要输出电压在某一范围内变化,可以在 A_2 输出端加一电位器,来调节三角波的输出电压。

四、实验内容及步骤

1. 低通滤波器实验

图 1-13-1 为二阶 RC 带通滤波器测试电路。

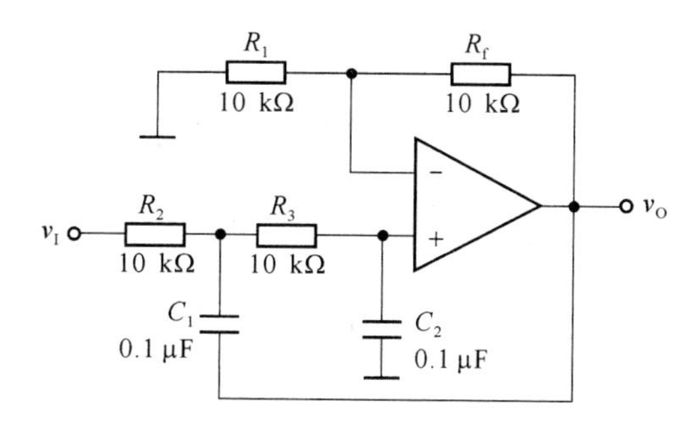

图 1-13-1

(1) 按图 1-13-1 连接电路和仪器，并分析工作原理，列出其传递函数表达式。

(2) 计算放大器的截止频率 f_c。

(3) 测试时，运放采用理想模型，用函数发生器输入 1 V/100 Hz 的正弦波信号，用示波器观察其输入、输出波形的幅值和相位关系，填入表 1-13-1 中。

表 1-13-1

输入、输出波形的幅值关系	输入、输出波形的相位关系

(4) 保持输入信号幅值不变，逐步提高输入信号频率，用示波器观察输出信号的变化，当输出电压下降为正常幅值的 0.707 倍时，记录此时的输入电压 V_i，输出电压 V_o 和输入信号频率 f_c。计算通频带电压放大倍数 $A_V=\frac{V_o}{V_i}$，将以上数据填入表 1-13-2 中。

表 1-13-2

V_i	V_o	A_V	f_c

(5) 在波特图仪的控制面板上，设定垂直轴的终值 $f=20$ dB，初值 $I=-20$ dB，水平轴的终值 $f=50$ kHz，初值 $I=1$ MHz。观察幅频特性和相频特性，将幅频特性和相频特性图绘入表 1-13-3 中。

表 1-13-3

幅频特性	相频特性

2. 方波-三角波发生器

(1) 图 1-13-2 为方波-三角波发生电路，按图连接电路。

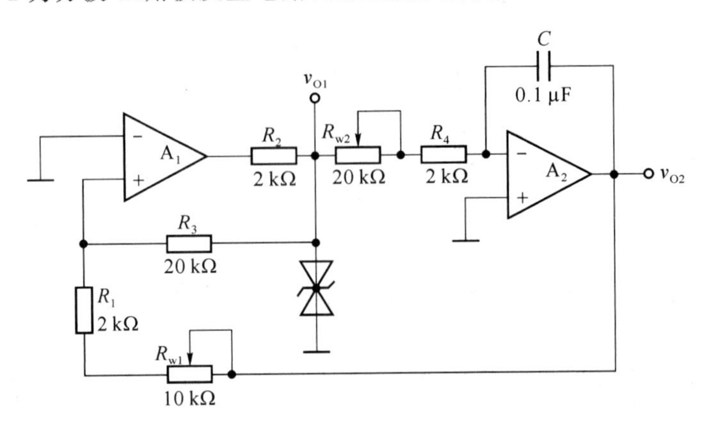

图 1-13-2

(2) 测量方波和三角波。调节 R_{W1} 和 R_{W2}，用示波器观察其输出波形，并测量输出电压 V_o 和频率 f，将结果记录于表 1-13-4。

表 1-13-4

参数	方波		三角波	
	V_o	f	V_o	f
实测值				
理论值				

五、实验报告及要求

1. 根据实验数据画出方波-三角波的波形图，与计算值比较。
2. 根据实验结果，画出低通滤波器的输入与输出波形的相位关系。

六、问题及思考题

1. 影响低通滤波器截至频率 f_c 的因素有哪些？
2. 影响低通滤波器电压放大倍数的因素有哪些？
3. 在方波-三角波发生器电路实验中，负反馈和参考电压是否会影响振荡频率？

实验14　晶体管直流稳压电源

一、实验目的

1. 加深理解串联型稳压电源的工作原理。
2. 掌握直流稳压电源各项技术指标的测量方法。
3. 了解半波及全波滤波器的特点。

二、实验仪器设备

交流信号发生器一台；直流稳压电源一台；双踪示波器一台；交流毫伏表一台；数字万用表一块；实验电路板一套。

三、实验原理

1. 串联型直流稳压电源工作原理

图1-14-1为串联型直流稳压电源。它由变压、整流、滤波、稳压调整、基准电压、比较放大器和取样电路等环节组成。

当电网电压或负载变动引起输出电压 V_O 变化时，取样电路将输出电压 V_O 的一部分馈送回比较放大器与基准电压进行比较，产生的误差电压经放大后去控制调整管的基极电流，自动地改变调整管的集-射极间电压，补偿 V_O 的变化，从而维持输出电压基本不变。

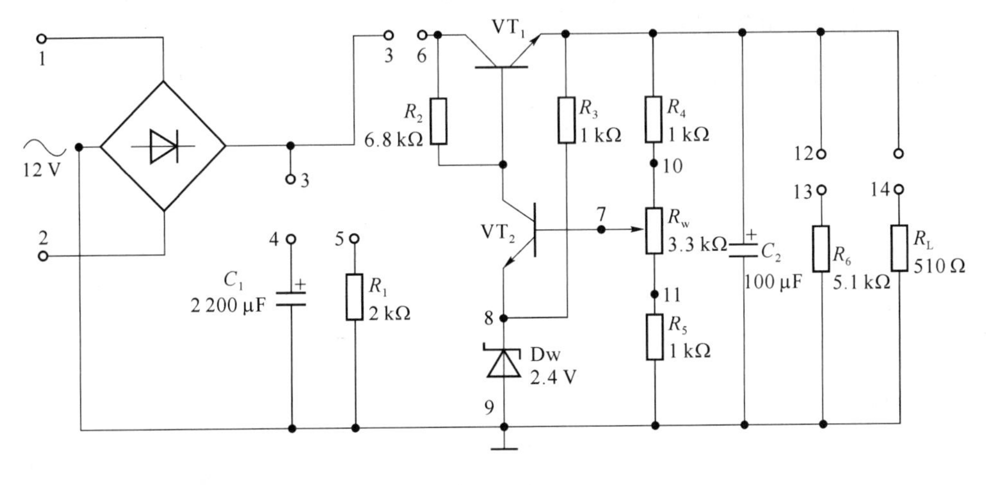

图1-14-1

稳压电源的主要指标如下：

(1) 特性指标

① 输出电流(即额定电流)I_L；

② 输出电压 V_O 和调节输出电压范围，如下：

$$V_{Omax}=\frac{(R_4+R_5+R_W)\cdot V_Z}{R_5}$$

$$V_{Omin}=\frac{(R_4+R_5+R_W)\cdot V_Z}{(R_5+R_W)}$$

（2）质量指标

① 稳压系数 S_γ；

② 动态电阻 r_o；

③ 输出纹波电压。

四、实验内容及步骤

1. 整流电路观测

在电路 1、2 点之间加入 50 Hz、12 V 交流电压，并连电路中 3、5 两点，使电路为桥式整流电路，用万用表测出 1、2 点交流电压和 3 点对地间直流电压，并记录，用示波器观察上述两点的波形。

接通 3、4 点，测量滤波后的电压，并观察滤波后的波形。

接通滤波电容 C_1，断开电阻 R_1 后将 3、6 点连接，调节 R_W 使 $V_O=9$ V，测量表 1-14-1 中指出的各点电压值，确定电路工作状态。

表 1-14-1

$V_{1,2}$	V_3	V_{E1}	V_{B1}	V_{B2}	$V_{8,9}$	V_{10}	V_O

2. 测量输出电压调节范围

调节 R_W，测量输出电压 V_O 的最大值和最小值对应下的 V_O 与调整管的各电压，填表 1-14-2。

表 1-14-2

R_W 位置	V_O	V_{C1}	V_{CE1}
R_W 向右旋到底			
R_W 向左旋到底			

3. 测量稳压电源的输出内阻 r_o

调整 R_W，使 $V_O=9$ V，分别接通 11、12 点，11、13 点，测试并记录两电压值和电流值，$V_{O1}=V_{12,13}$，$V_{O2}=V_{12,14}$，I_O 和 I'_O，将数据填入表 1-14-3 并根据公式计算 r_o，$r_o=\frac{\Delta V_o}{\Delta I_o}$（$V_I$ 为常数）。

表 1-14-3

V_{O1}	V_{O2}	ΔV_O	I_{O1}	I_{O2}	ΔI_O	r_o

4. 测量稳压器的稳压系数

当输出电压为 $V_O = 9$ V，在交流电网和交流变压器之间接入自耦变压器，调节自耦变压器使交流输入变化±10%，用万用表测出 V_O，填入表 1-14-4，用公式计算稳压系数 $S_\gamma = \frac{\Delta V_O}{V_O} / \frac{\Delta V_i}{V_i}$。

表 1-14-4

V_{I1}	V_{O1}	V_{I2}	V_{O2}	ΔV_I	ΔV_O	S_γ

5. 观察各输出点的输出波形

当直流输出电压 $V_O = 9$ V 时，用示波器观察直流输入电压 V_I、VT_1 管 CE 两端直流电压及直流输出电压的波形，并绘出其图形。

6. 纹波电压测量

纹波电压是指输入电压频率为 50 Hz 时的输出交流分量，通常用有效值来表示，即当输入电压为 220 V 时，在额定输出直流电压、直流电流的情况下测出的交流分量。

五、实验报告及要求

1. 总结整流滤波的工作原理。
2. 列出本实验中稳压电源的技术指标。
3. 绘出实验电路图及各点的输出波形。
4. 将各电压的测试值与计算值进行比较，如果误差较大，试分析其原因。

六、问题与思考题

1. 试阐述保护电路的限流保护作用。
2. 在整流电路后面为什么要加入滤波电路？
3. 在整流电路之后为什么还要加稳压电路？

实验 15　集成稳压电源

一、实验目的

1. 研究集成稳压器的特点和性能指标的测试方法。
2. 了解集成稳压器扩展性能的方法。
3. 掌握三端集成稳压电源的原理及应用电路。

二、实验仪器设备

交流信号发生器一台；直流稳压电源一台；双踪示波器一台；交流毫伏表一台；数字万用表一块；实验电路板一套。

三、实验原理

随着半导体工艺的发展，稳压电路也制成了集成器件。由于集成稳压器具有体积小，外接线路简单，使用方便，工作可靠和通用性好等优点，因此在各种电子设备中应用十分普遍，基本上取代了由分立元件构成的稳压电路。集成稳压器的种类很多，应根据设备对直流电源的要求来进行选择。对于大多数电子仪器、设备和电子电路来说，通常是选用串联线性集成稳压器。而在这种类型的器件中，又以三端式稳压器应用最为广泛。

W7800、W7900 系列三端式集成稳压器的输出电压是固定的，在使用中不能进行调整。W7800 系列三端式稳压器输出正极性电压，一般有 5 V、6 V、9 V、12 V、15 V、18 V 、24 V 七个档次，输出电流最大可达 1.5 A(加散热片)。同类型 78 M 系列稳压器的输出电流为 0.5 A，78L 系列稳压器的输出电流为 0.1 A。若要求负极性输出电压，则可选用 W7900 系列稳压器。

图 1-15-1 为 W7800 系列的外形和接线图。

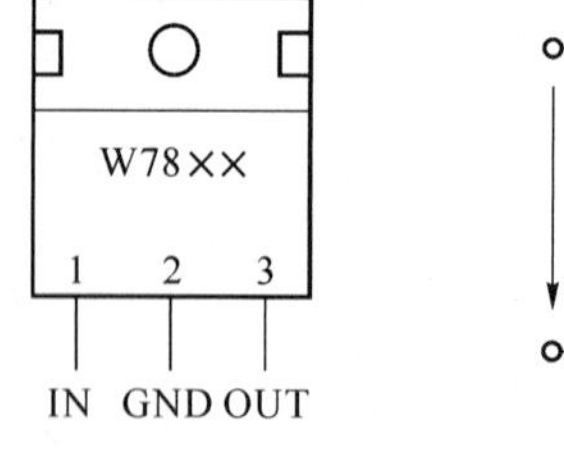

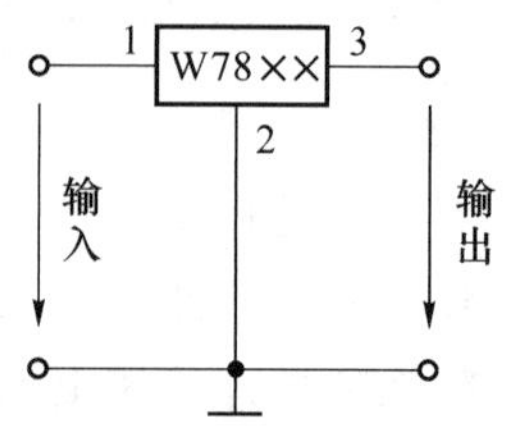

图 1-15-1

它有 3 个引出端：

- 输入端(不稳定电压输入端)：标以“1”；
- 输出端(稳定电压输出端)：标以“3”；
- 公共端：标以“2”。

除固定输出三端稳压器外，尚有可调式三端稳压器，后者可通过外接元件对输出电压进行调整，以适应不同的需要。

本实验所用集成稳压器为三端固定正稳压器 W7809，它的主要参数有：输出直流电压 $V_O=+9$ V，输出电流 0.5 mA，电压调整率 $K_V=0.01$，输出电阻 $R_o=0.15\ \Omega$，输入电压 V_I 的范围为 12 V 。因为一般 K_V 要比 V_O 大 3～5 V ，才能保证集成稳压器工作在线性区。

图 1-15-2 是用三端式稳压器 W7809 组成的串联型稳压电源的实验电路图。其中整流部分采用了由四个二极管组成的桥式整流器成品（又称桥堆）。滤波电容 C_1 一般选取几百至几千微法。当稳压器距离整流滤波电路比较远时，在输入端必须接入电容器 C_2（数值为 0.33 μF），以抵消线路的电感效应，防止产生自激振荡。输出端电容 C_3（0.1 μF）用以滤除输出端的高频信号，改善电路的暂态响应。

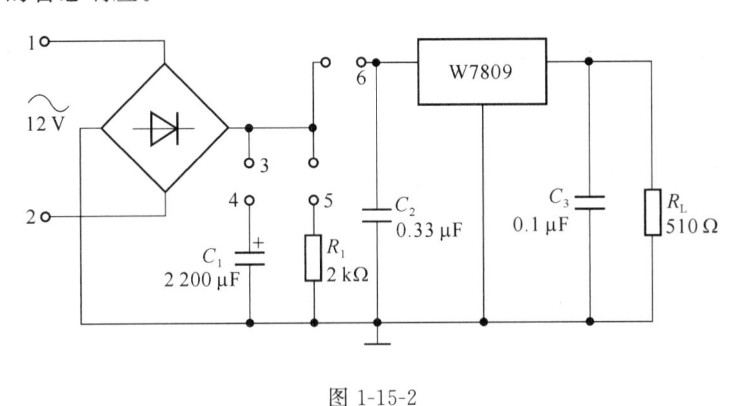

图 1-15-2

四、实验内容与步骤

1．测量电源各点的输出电压

按图 1-15-2 连接线路，断开第 6 点，从电路 1、2 点之间加入 50 Hz、12 V 交流电压，并连接电路中 3、5 两点，使电路成为桥式整流电路，用万用表测出 1、2 点间交流电压和 3 点对地直流电压，并记录，用示波器观察上述两点电压波形。

接通 3、4 点，测量滤波后的电压，并观察滤波后的波形，画出滤波前后的波形。

接通滤波电容 C_1，断开电阻 R_1 后将 3、6 点连接，测量各点电压值，将数值填入表 1-15-1 中。

表 1-15-1

$V_{1,2}$	V_4	V_5	V_6	V_O

2．观察电源的输出波形

断开 C_2 和 C_3 两个电容，分别观察输出端的输出波形。

连接好 C_2 和 C_3 两个电容，再次观察输出端的输出波形，比较有何变化，并画出波形图。

3．测量电源的输出内阻 r_o

断开负载电阻 R_L（$R_L=\infty$开路），用万用表测量 R_L 两端的电压，记录 $V_{O\infty}$；然后接入 R_L，

测出相应的输出电压，记录V_O用下式计算电源的输出内阻r_o：

$$r_o=\left(\frac{V_{O\infty}}{V_O}-1\right)\cdot R_L$$

4. 测量稳压器的稳压系数S_γ

在交流电网和交流变压器之间接入自耦变压器，调节自耦变压器使交流输入变化±10%，用万用表测出V_I和V_O的相应变化值，填入表1-15-2，并用如下定义公式计算稳压系数：

$$S_\gamma=\left(\frac{\Delta V_O}{V_O}/\Delta V_I\right)\times 100\%$$

表 1-15-2

V_{I1}	V_{O1}	V_{I2}	V_{O2}	ΔV_I	ΔV_O	S_γ

5. 测量电源的纹波电压。

将交流毫伏表接在输出端，测量电源输出的纹波电压并记录之。

五、实验报告及要求

1. 总结整流滤波的工作原理。
2. 绘出实验电路图及各点的输出波形。

六、问题与思考题

1. 在整流桥后为什么要加滤波电路？
2. 在电路中为什么要加入C_2和C_3两个电容？
3. 当电路输出电压不能满足要求时应该怎么办？

第 2 部分

数字电路单元实验

实验 1　基本门电路逻辑功能验证

一、实验目的

1. 熟悉基本逻辑门电路功能的测试方法。
2. 熟悉门电路芯片的外型、引脚排列及其功能标识。
3. 了解与非门组成其他逻辑门的方法。

二、实验仪器与器材

数字实验箱；数字万用表；与非门 74LS00；或非门 74LS02；与门 74LS08；或门 74LS32；异或门 74LS86。

三、实验原理

门电路是最简单和最基本的数字集成元件。基本逻辑运算有与、或、非运算，相应的基本逻辑门有与、或、非门。目前已有门类齐全的集成门电路，如与非门、或非门、与或非门、异或门等。测试门电路逻辑功能的测试方法是给门电路的输入端加固定的高(H)、低(L)电平，用万用表或发光二极管测出门电路的输出状态。

数字电路实验中所用到的集成电路芯片都是双列直插式，其引脚排列规则如图 2-1-1 所示。管脚识别方法是：正对集成电路型号(如 74LS00)或看标记(左边的缺口或小圆点标记)，从左下角开始按逆时针方向以 1,2,3,…依次排列到最后一脚(在左上角)。在标准型 TTL 集成电路中，电源端 V_{CC} 一般排在左上端，接地端 GND 一般排在右下端，如 74LS00 为 14 个管脚芯片，第 14 脚为电源 V_{CC}，第 7 脚为地线 GND。在门电路芯片中，输入端一般用 $A,B,C,D,\cdots$ 表示，输出端用 Y 表示，若一块集成芯片有几个门电路时，在其输入、输出端的功能标号前(或后)标上相应的序号，如 74LS00 为四个 2 输入与非门电路，$1A$、$1B$ 为第一个与非门的输入端，$1Y$ 为该门的输出端，$2A$、$2B$ 为第二个与非门的输入端，$2Y$ 为该门的输出端，依此类推。若集成芯片引脚上的功能标号为 NC，则表示该引脚为空脚，与内部电路不连接。

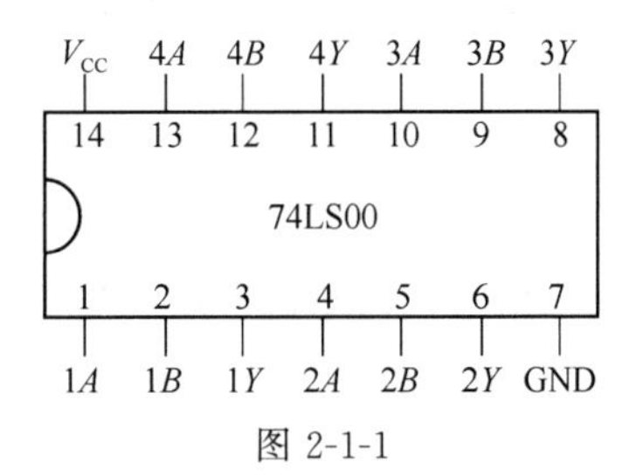

图 2-1-1

四、实验内容及步骤

1. 验证 TTL 与非门的逻辑功能

用四个 2 输入与非门的 74LS00 芯片验证如图 2-1-2 所示 TTL 与非门的逻辑功能。

(1) A 悬空,B 分别接+5 V 或 0 V,此时 Y 为何值?

(2) A 接地,重复 B 的变化,测 Y 的变化值。

(3) A 悬空,B 输入单次脉冲,用显示灯观察 Y 的变化,A 接地,重复以上实验。

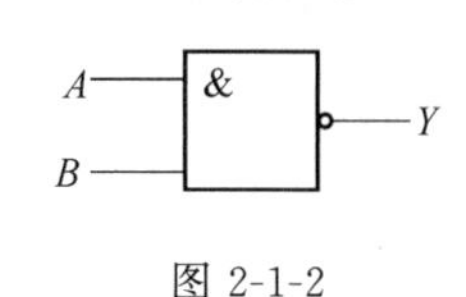

图 2-1-2

(4) 整理记录,写出逻辑关系式。

结果:

(1) A 悬空,B=+5 V 时,Y=______。

A 悬空,B=0 V 时,Y=______。

(2) A 接地,B=+5 V 时,Y=______。

A 接地,B=0 V 时,Y=______。

(3) 逻辑关系式为:Y=__________。

2. 门电路的功能测试

将与门 74LS08、或门 74LS32、与非门 74LS00、或非门 74LS02、异或门 74LS86 分别按图 2-1-3 连线,输入端 A、B 分别接输入逻辑开关,输出 Y 连接到发光二极管(LED)上,改变输入状态,观察输出状态。填表 2-1-1。

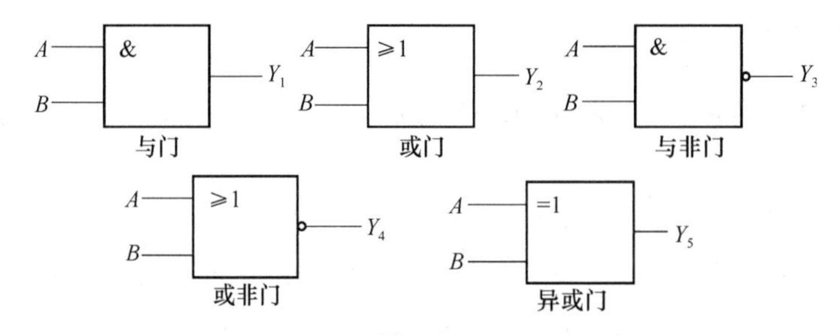

图 2-1-3

表 2-1-1

输入 A、B	输出 Y_1 (与门 74LS08)	输出 Y_2 (或门 74LS32)	输出 Y_3 (与非门 74LS00)	输出 Y_4 (或非门 74LS02)	输出 Y_5 (异或门 74LS86)
0 0					
0 1					
1 0					
1 1					
逻辑表达式					

3. 用与非门组成或门电路

根据摩根定理,或门的逻辑表达式 $Y=A+B$ 可以用与非的逻辑关系表达成 Y=______,因此可以用三个与非门构成或门。

(1) 画出用与非门组成的或门电路图。

(2) 根据表 2-1-2 的要求在或门电路的输入端 A 和 B 上分别加上相应的逻辑电平,输出端 Y 接 LED 电平显示，观察输出端 Y 的状态，并将结果填入表 2-1-2 中。

表 2-1-2

A	B	Y	A	B	Y
0	0		1	0	
0	1		1	1	

4. 与或非门功能测试

测试与或非门 74LS54 的逻辑功能。其逻辑图如图 2-1-4 所示，按表 2-1-3 所列给两组输入端输入变量，观察输出结果，填表 2-1-3。

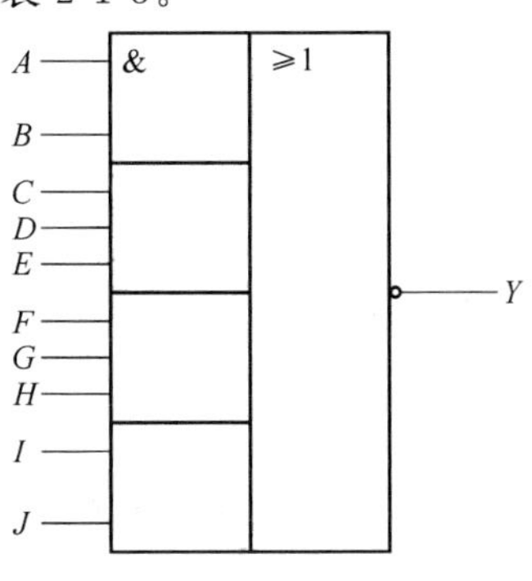

图 2-1-4

表 2-1-3

输　入				输　出
A	B	I	J	Y
0	0	0	0	
0	0	0	1	
0	0	1	0	
0	0	1	1	
1	1	0	0	
1	1	0	1	
1	1	1	0	
1	1	1	1	

五、实验报告要求

1. 整理测试结果。
2. 回答思考题 1、2、3、4。

六、思考题

1. 归纳与门、或门、与非门、或非门、异或门分别在什么输入情况下，输出低电平？什么情况下，输出高电平？

2. TTL 门电路器件中多余的输入端应如何处置？

3. 如果与非门的一个输入端接连续脉冲，那么：

a. 其余的输入端是什么逻辑状态时，脉冲允许通过？脉冲通过时，输入和输出波形有何差别？

b. 其余的输入端是什么逻辑状态时，不允许脉冲通过，此时输出端是什么状态？

4. 在与或非门功能测试中，多余输入端是如何处理的？

实验 2 TTL 与非门参数测试及三态门

一、实验目的

1. 了解与非门各参数的意义。
2. 掌握与非门主要参数的测试方法。
3. 掌握三态门的基本原理。

二、实验仪器与器材

数字实验箱;数字万用表;四二输入与非门 74LS00;三态门 74LS125。

三、实验原理

随着半导体技术的发展,现代电子技术已经能把电路中的半导体器件、电阻、电容及连线都制作在一块半导体基片上,构成一个完整的电路,并封装在一个管壳内,这就是集成电路。与分离元件电路相比,集成电路具有体积小、重量轻、可靠性高、寿命长、功耗小、成本低和工作速度快等优点。因此,在数字电路领域中,集成电路几乎取代了所有分立元件电路。目前,应用最广的集成门电路是 TTL 和 CMOS 这两类集成门电路。TTL 门电路的工作速度高,输出幅度大,带载能力强,其工作电源电压为(5±5%)V,应用范围很广泛。

目前,数字电路中仍然经常需要使用大量的逻辑门,如与门、非门、或门、与非门、或非门等。以与非门使用为例,电路中使用的与非门应能满足设计要求,以保证电路可靠、稳定地工作。但与非门的性能指标在制造过程中就已确定了,无法对它的参数进行调整。因此,在使用前对它进行严格挑选就显得十分必要了。挑选的程序之一,便是对其进行各种参数测试。以下实验就以 TTL 与非门参数测试为例。

1. 空载导通电源电流 I_{CCL}:I_{CCL}是指与非门输入端全部悬空(相当于输入全为 1),与非门处于导通状态时,电源提供的电流。

2. 空载截止电源电流 I_{CCH}:I_{CCH}是指与非门输入端接低电平,输出端开路时电源提供的电流。

3. 输入短路电流 I_{IS}:I_{IS}又称低电平输入短路电流,它是与非门的一个重要参数,因为输入端电流就是前级门电路的负载电流,其大小直接影响前级电路带动的负载个数,因此,应对每个输入端进行测试。

4. 电压传输特性:电压传输特性是指输出电压随输入电压变化的关系曲线 $v_O=f(v_I)$。

5. 扇出系数 N_O:N_O 是指输出端最多能带同类门的个数,它反映了与非门的最大负载能力。$N_O=I_{OMAX}/I_{IS}$,其中 I_{OMAX}为 $V_{OL}\leqslant 0.35$ V 时允许灌入的最大灌入负载电流,I_{IS}为输入短路电流。

四、实验内容及步骤

1. 验证与非门(74LS00)逻辑功能,并填表 2-2-1。

表 2-2-1

输　入		输　出
A	B	Y
0	0	
0	1	
1	0	
1	1	

2. 按图 2-2-1 接好电路，用数字万用表测 I_{CCL}，并记录数据，填表 2-2-2。

3. 按图 2-2-2 接好电路，用数字万用表测 I_{CCH}，并记录数据，填表 2-2-2。

4. 按图 2-2-3 接好电路，用数字万用表测 I_{IS}，并记录数据，填表 2-2-2。

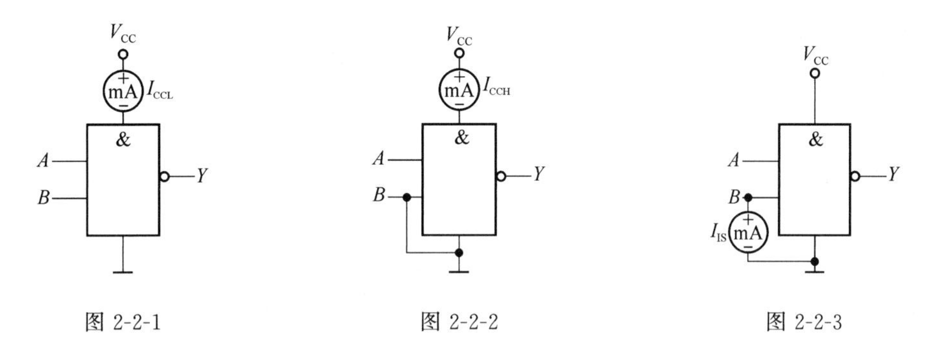

图 2-2-1　　图 2-2-2　　图 2-2-3

表 2-2-2

I_{CCL}	I_{CCH}	I_{IS}

5. 按图 2-2-4 接好电路。利用电位器调节被测输入电压，按表 2-2-3 的要求逐点测出输出电压，将其结果记入表 2-2-3 中，再根据实测数据绘出电压传输特性曲线。在电压传输特性曲线上标注出线性区、饱和区、截止区。

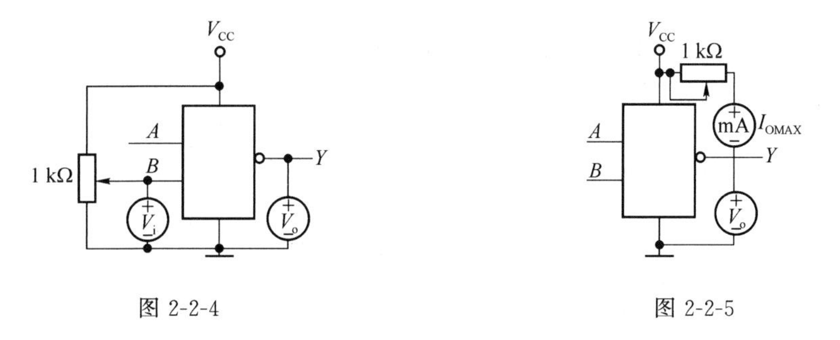

图 2-2-4　　图 2-2-5

表 2-2-3

V_i	0 V	0.15 V	0.3 V	0.4 V	0.6 V	0.8 V	1.0 V	1.1 V	1.2 V	1.3 V	1.4 V	1.5 V	1.6 V	2.0 V	2.5 V	3.0 V	4.0 V
V_o																	

6. 按图 2-2-5 接好电路，调整电位器的值，使输出电压 $V_O=0.35$ V，测出此时的负载电流 I_{OMAX}，它就是允许灌入的最大负载电流，根据上面的公式即可算出 N_O。

7. 将三态门(74LS125)与反相器(74LS04)按图 2-2-6 连线，输入端 A、B、G 分别接输入开关，改变控制端 G 和输入信号 A、B 的状态，观察输出状态，填表 2-2-4。

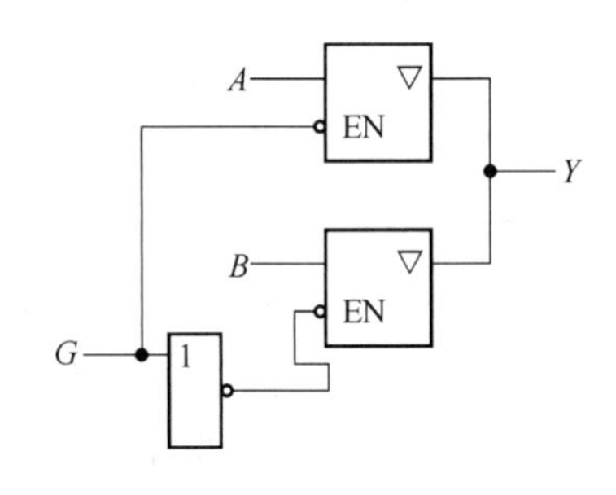

图 2-2-6

表 2-2-4

G	A	B	Y	表达式
0	0	1		
0	1	0		
1	0	1		
1	1	0		

五、实验报告要求

1. 记录实验测得的与非门静态参数。
2. 用方格纸画出电压传输特性曲线，并读出有关参数值。
3. 列出实测与非门的功能数据，讨论其逻辑关系。
4. 回答思考题。

六、思考题

1. 为什么 TTL 与非门的输入端悬空相当于逻辑 1 电平？
2. 测量扇出系数的原理是什么？
3. 在什么情况下与非门输出高电平或低电平？其电压值分别等于多少？
4. 三态门的典型应用有哪些？

实验 3　CMOS 或非门参数测试

一、实验目的

1. 熟悉 CMOS 电路的特点及其使用方法。
2. 理解 CMOS 门参数的测试原理。
3. 掌握 COMS 门参数和逻辑功能的测试方法。

二、实验仪器与器材

数字实验箱;数字万用表;CMOS 或非门 CC4001。

三、实验原理

1. CMOS 使用注意事项

根据 CMOS 集成电路输入端的特点,应用时要注意下述问题:

(1) 不使用的输入端不能悬空,应根据逻辑功能或接 V_{DD} 或接 V_{SS},否则将造成逻辑混乱。输入端不可悬空的原则适应于各种情况,如包装、运输等。即使在印制电路板上,若输入端直接与插座相接,也应加限流电阻和保护电阻。

(2) 多余输入端的并联。多余输入端最好不要并联,因为并联使用将增加输入端的电容量,降低工作速度,然而如果对工作速度要求不高,又要求增加或非门带灌电流负载能力,或增加与非门带拉电流负载能力时,可将输入端并联使用,但要以降低或非门的低电平噪声容限和与非门的高电平噪声容限为代价。

(3) 输入信号。CMOS 集成电路在未接电源 V_{DD} 以前,不允许加输入信号,否则将导致输入端保护电路中二极管被损坏。

(4) 输入时钟脉冲。在时序电路中,时钟脉冲的上升沿时间和下降沿时间不宜太长,通常限制在 5～10 μs,如果时钟脉冲上升时间和下降时间太长,可能出现虚假触发,从而导致器件无法正常工作。

(5) CMOS 集成电路的输出端不允许直接接 V_{DD} 和 V_{SS},否则将导致器件损坏。

(6) 一般情况下不允许输出端并联。因为不同的器件参数不一致,有可能导致 NMOS 和 PMOS 同时导通,形成大电流。但为了增加驱动能力,同一芯片上的输出端允许并联。

(7) CMOS 集成电路的电源电压可以在较大范围内变化,因而对电源的要求不像 TTL 集成电路那样严,但是电源电压的变化也会给 CMOS 带来一些影响。由于 CMOS 电路的阈值约为(45%～50%)V_{DD},因而在干扰较大的情况下,适当提高 V_{DD} 是有益的。其次,CMOS 的 V_{DD} 不允许超过 V_{DDMAX},也不允许低于 V_{DDMIN},因此电源电压选择在 V_{DD} 允许变化范围的中间值较为妥当。如 CMOS 允许电源电压在 8～12 V 之间,则选择 $V_{DD}=10$ V 可使电路工作不致因电源交化而不可靠。

(8) CMOS 集成电路一定要先加 V_{DD}，后加输入信号，其值 $V_{SS} \leqslant V_i \leqslant V_{DD}$，工作结束前先撤去输入信号，后去掉电源。

(9) V_{DD}与 V_{SS}绝对不允许接反。否则，无论是保护电路或内部电路都可能因电流过大而损坏。

(10) 禁止在电源接通的情况下，装拆线路或器件。

(11) 焊接时，电烙铁必须有良好的接地，持 CMOS 器件的手要带有接地环。

(12) CMOS 器件储存时，引出脚须用金属纸包好，使它处在短接状态，以防止外来感应电压将栅极击穿。

2. 实验原理

(1) 输出高电平 V_{OH}和输出低电平 V_{OL}

输出高电平 V_{OH}是指在一定的电源电压下（输入端接 V_{DD}时），输出端开路时的输出电平。输出低电平 V_{OL}是指在一定的电源电压下（输入端接地时），输出端开路时的输出电平。

(2) 开门电平 V_{ON}和关门电平 V_{OFF}

开门电平 V_{ON}是指输出由高电平转换为临界低电平（一般取 $0.1V_{DD}$）所需要的最小输入高电平。关门电平 V_{OFF}是指输出由低电平转换为临界高电平（一般取 $0.9V_{DD}$）所需要的最大输入低电平。

(3) 输入阻抗和静态功耗

CMOS 电路的输入阻抗 R_I 极高，实际上是很难测量的。CMOS 静态，功耗测试电路同于 TTL 静态功耗测试电路图，但由于 CMOS 器件是微功耗器件，电流值要小得多。

① 传输特性曲线

CMOS 器件传输特性同于 TTL 传输特性电路图。

② 传输延迟时间 t_{pd}

传输延迟时间是指输入信号从上升边沿的 $0.5V_m$ 点到输出信号下降边沿的 $0.5V_m$ 点之间的时间间隔。

四、实验步骤及内容

1. 逻辑功能测试图如图 2-3-1 所示，主要是测试其输入相对于二输入变量的函数真值表，填表 2-3-1。

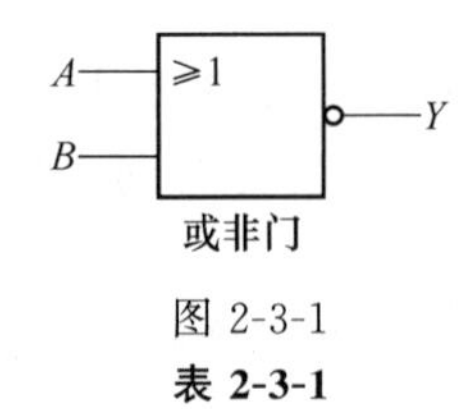

图 2-3-1

表 2-3-1

输入	A	0	0	1	1
	B	0	1	0	1
输出	Y				

2. 按图 2-3-2 接好电路，测量 V_{OH}、V_{OL}，并记录结果：

$V_{OH}=$　　　　　　　　$V_{OL}=$

3. 按图 2-3-3 接好电路，其中电位器 $R_W=1\ \text{k}\Omega$，根据表 2-3-2 测量传输特性，用测量出的数据画出特性曲线图。并从曲线中读出 V_{ON}、V_{OFF}值。

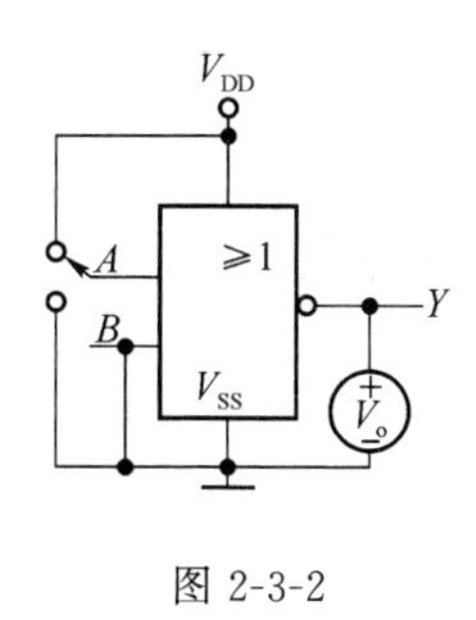

图 2-3-2

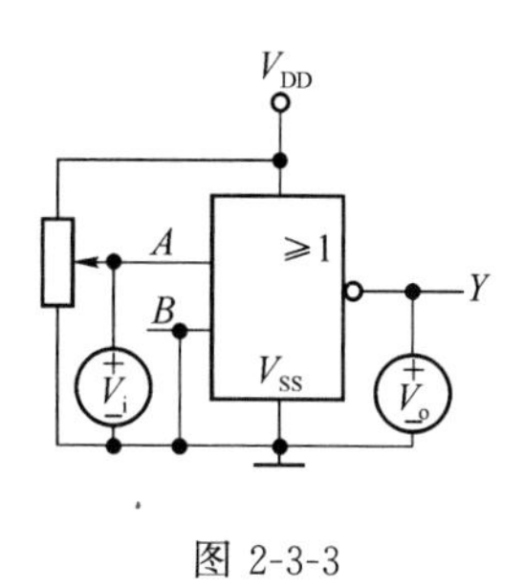

图 2-3-3

表 2-3-2

V_i	0 V	0.3 V	0.6 V	0.8 V	1.0 V	1.1 V	1.2 V	1.3 V	1.4 V	1.5 V	1.6 V	2.0 V	2.5 V	3.0 V	4.0 V
V_o															

$V_{ON}=$　　　　　　　　$V_{OFF}=$

4. 测试电源电压的影响。将 V_{DD} 依次调至 5 V 和 15 V，观察电路的逻辑功能以及输出高电平 V_{OH} 的值。

五、实验报告要求

1. 整理实验数据、画出有关曲线和真值表。
2. 由传输特性，确定 V_{ON}、V_{OFF}、V_{OH}、V_{OL}，比较 CMOS 和 TTL 门电路的静态特性。

六、思考题

1. CMOS 器件与一般 TTL 器件相比有什么特点？
2. 在什么场合下选用 CMOS 器件？

实验4 组合逻辑电路的设计

一、实验目的

1. 掌握组合逻辑电路的设计方法。
2. 用实验验证所设计电路的逻辑功能。

一、实验仪器与器材

数字实验箱;数字万用表;与非门 74LS00;异或门 74LS86;非门 74LS04;与非门 74LS20。

二、实验原理

组合电路的一般设计方法。根据给出的实际逻辑问题,求出实现这一逻辑功能的最简单逻辑电路,这就是设计组合逻辑电路时要完成的工作。这里所说的"最简",是指电路所用的器件数最少,器件的种类最少,而且器件之间的连线也最少。组合逻辑电路设计步骤一般如下:

1. 逻辑问题的抽象

用一个逻辑函数来描述设计所要求的用文字描述的具有一定因果关系的事件。分析事件因果关系,确定输入变量和输出变量。根据给定的因果关系列出逻辑真值表。

2. 写出逻辑函数式

为便于对逻辑函数进行化简和变换,需要把真值表转换为对应的逻辑函数式。

3. 选定器件的类型

为了产生所需要的逻辑函数,既可以用小规模集成的门电路组成相应的逻辑电路,也可以用中规模集成的常用组合逻辑器件或可编程逻辑器件等构成相应的逻辑电路。应该根据对电路的具体要求和器件的资源情况决定采用哪一种类型的器件。

4. 将逻辑函数化简或变换成适当的形式

在使用小规模集成的门电路进行设计时,为获得最简单的设计结果,应将函数式化成最简形式。在使用中规模集成的常用组合逻辑电路设计电路时,需要将函数式变换为适当的形式,以便能用最少的器件和最简单的连线接成所要求的逻辑电路。

5. 根据化简或变换后的逻辑函数式,画出逻辑电路的连接图

至此,原理性设计(或称逻辑设计)已经完成。

组合电路的冒险现象是一个重要问题。在设计组合电路时,应该考虑可能产生的冒险现象,以便采取保护措施,保证电路的正常工作。

三、实验内容及步骤

1. 试用最少的与非门设计一个半加器。

(1) 试画出设计的逻辑电路图。

(2) 测试所设计电路的逻辑功能,并列表 2-4-1 填入测试结果。

表 2-4-1

输　入		输　出	
A	B	S_n(和)	C_o(进位)
0	0		
0	1		
1	0		
1	1		

2. 设计一个全加器,要求用最少的与非门和异或门组成。

(1) 写出全加器的逻辑表达式及画出设计的逻辑电路图。

(2) 测试所设计电路的逻辑功能,并列表 2-4-2 填入测试结果。

表 2-4-2

输　入			输　出	
C_i	A	B	S_n	C_o
0	0	0		
0	0	1		
0	1	0		
0	1	1		
1	0	0		
1	0	1		
1	1	0		
1	1	1		

3. 用与非门和非门设计一个 2 线-4 线译码器。当输入端 $A_0=0$,$A_1=0$ 时,输出端 B_0 端输出 1,其余输出端 B_1、B_2、B_3,各端输出为 0,当输入端 $A_0=1$,$A_1=0$ 时,输出端 B_1 端输出 1,其余输出端 B_0、B_2、B_3,各端输出为 0,当输入端 $A_0=0$,$A_1=1$ 时,输出端 B_2 端输出 1,其余输出端 B_0、B_1、B_3,各端输出为 0,当输入端 $A_0=1$,$A_1=1$ 时,输出端 B_3 端输出 1,其余输出端 B_0、B_1、B_2,各端输出为 0。

(1) 根据题意写出逻辑表达式及画出设计的逻辑电路图。

(2) 测试所设计电路的逻辑功能,并列表填入测试结果。

4. 设计一个对两位无符号的二进制数进行比较的电路,根据第一个数是否大于、等于、小于第二个数,使相应的三个输出端中的一个输出为 1,要求用与门、与非门及或非门实现。

(1) 根据题意写出逻辑表达式及画出设计的逻辑电路图。

(2) 测试所设计电路的逻辑功能,并列表填入测试结果。

5. 设计一个裁判电路。如举重比赛有三个裁判,一个主裁判,两个副裁判,试举是否成功的裁决,由每个裁判按一下自己面前的按钮来决定。只有两个以上裁判(其中必须有主裁判)裁定成功时,表示"成功"的灯才亮。试用与非门设计。

(1) 根据题意写出逻辑表达式及画出设计的逻辑电路图。

(2) 测试所设计电路的逻辑功能,并列表填入测试结果。

6. 用异或门设计一个控制开关,它们同时控制一盏照明灯,要求每层楼都能控制这盏照明灯的亮和灭(至少三层楼)。

(1) 根据题意写出逻辑表达式及画出设计的逻辑电路图。

(2) 测试所设计电路的逻辑功能,并列表填入测试结果。

7. 奇偶校验电路的设计。用一个 3 线-8 线译码器和最少的门电路设计一个奇偶校验电路,要求当输入的四变量中有偶数个 1 时输出为 1,否则输出为 0。

(1) 根据题意写出逻辑表达式及画出设计的逻辑电路图。

(2) 测试所设计电路的逻辑功能,并列表填入测试结果。

四、实验报告要求

1. 整理实验测试结果,分析其逻辑功能。
2. 根据各题的题意,列出相应的真值表,画出卡诺图,写出逻辑表达式,画出逻辑电路图。
3. 分析讨论得出的结果。

五、思考题

1. 当有影响电路正常工作的冒险现象出现时,应怎样加以消除?
2. 具体的设计体验后,总结组合逻辑电路设计的关键点或关键步骤。

实验5 组合逻辑电路及应用

一、实验目的

1. 验证几种组合电路的逻辑功能。
2. 掌握各种逻辑门的应用。

二、实验仪器与器材

数字实验箱;异或门 74LS86;与非门 74LS00;与或非门 74LS54;2线-4线译码器 74LS139;数据选择器 74LS153;或门 74LS32;非门 74LS04。

三、实验原理

在数字电路中常用的组合电路,如全加器、全减器、数值比较器、编码器、译码器、数据选择器及码制变换器等组合电路都有典型集成器件产品。本次实验中,将涉及全加器、译码器、数据选择器。

- 全加器:在将两个多位二进制数相加时,除了最低位以外,每一位都应该考虑来自低位的进位,即将两个对应位的加数和来自低位的进位3个数相加,这种运算称为全加,所用的电路称为全加器。
- 译码器:译码器的逻辑功能是将每个输入的二进制代码译成对应的输出高、低电平信号。
- 数据选择器:在数字信号的传输过程中,有时需要从一组输入数据中选出某一个来,这时就需要数据选择器(或称为多路开关)的逻辑电路。

四、实验内容及步骤

1. 2线-4线译码器

按图2-5-1测试74LS139中的一个2线-4线译码器基本应用,EN′、A_0、A_1端分别接输入开关,改变输入状态,观察输出状态,填表2-5-1。

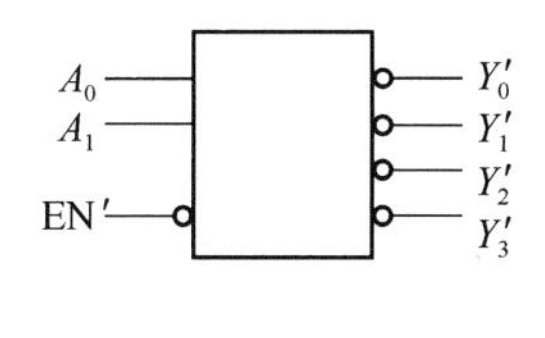

图2-5-1

表 2-5-1

输入			输出			
EN′	A_1	A_0	Y'_0	Y'_1	Y'_2	Y'_3
1	×	×				
0	0	0				
0	0	1				
0	1	0				
0	1	1				

2. 译码器的级联应用

用两片 2 线-4 线译码器 74LS139 组成一个 3 线-8 线译码器电路，如图 2-5-2 所示，输入 A、B、C 接逻辑开关，输出分别接发光二极管，改变输入信号的状态，观察输出并填表 2-5-2。

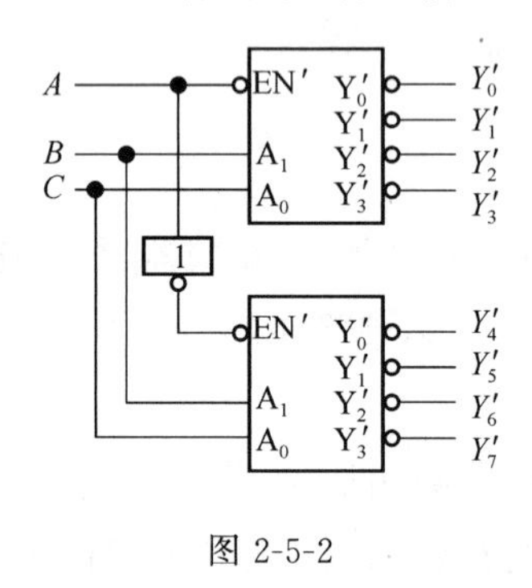

图 2-5-2

表 2-5-2

输入			输出							
C	B	A	Y'_7	Y'_6	Y'_5	Y'_4	Y'_3	Y'_2	Y'_1	Y'_0
0	0	0								
0	0	1								
0	1	0								
0	1	1								
1	0	0								
1	0	1								
1	1	0								
1	1	1								

3. 用 74LS139 和 74LS20 组成全加器

按图 2-5-3 连接电路，构成全加器电路，A_i、B_i、C_{i-1} 为输入端(其中 A_i、B_i 为两个加数，C_{i-1}是低位向高位的进位)，按表 2-5-3 改变输入，观察全加器的输出 S_i、C_i 的状态，并将测试结果填到表 2-5-3 中，以验证电路是否实现了全加器功能。

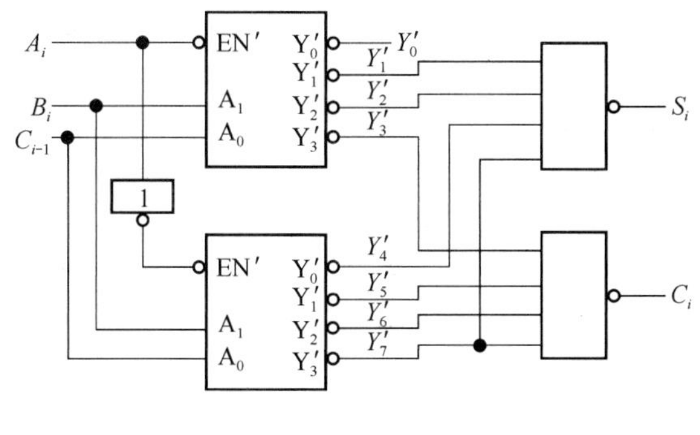

图 2-5-3

表 2-5-3

输　入			输　出	
C_{i-1}	A_i	B_i	S_i	C_i
0	0	0		
0	0	1		
0	1	0		
0	1	1		
1	0	0		
1	0	1		
1	1	0		
1	1	1		

4. 数据选择器的基本应用

双四选一多路数据选择器 74LSl53 接成的电路如图 2-5-4 所示，将 EN′、A_0、A_1 接逻辑输入开关，数据输入端 $D_0 \sim D_3$ 接逻辑输入开关，输出端 Y 接发光二极管。观察输出状态并填表 2-5-4。

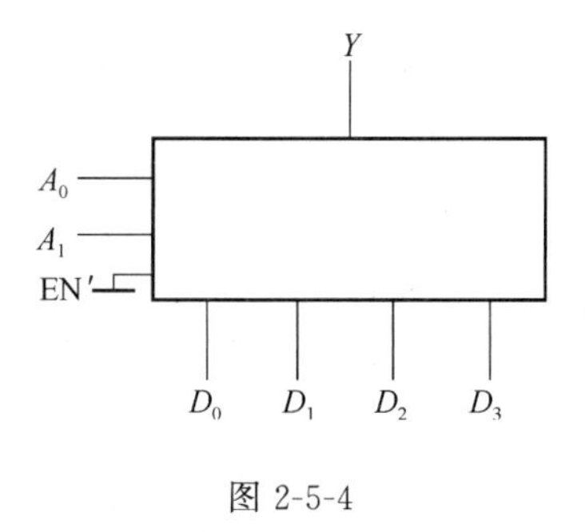

图 2-5-4

表 2-5-4

输入							输出
EN′	A_1	A_0	D_3	D_2	D_1	D_0	Y
1	0	0	0	0	0	0	
0	0	0	0	0	0	0	
0	0	0	0	0	0	1	
0	0	1	0	0	0	0	
0	0	1	0	0	1	0	
0	1	0	0	0	0	0	
0	1	0	0	1	0	0	
0	1	1	0	0	0	0	
0	1	1	1	0	0	0	

5. 数据选择器级连应用

双四选一多路数据选择器 74LS153 接成的电路如图 2-5-5 所示，输入 EN′、A_0、A_1 和 D_0～D_7 接逻辑开关，输出 Y 接发光二极管，改变 EN′、A_0、A_1 和数据输入端的状态，观察输出端 Y，填表 2-5-5，说明电路功能。

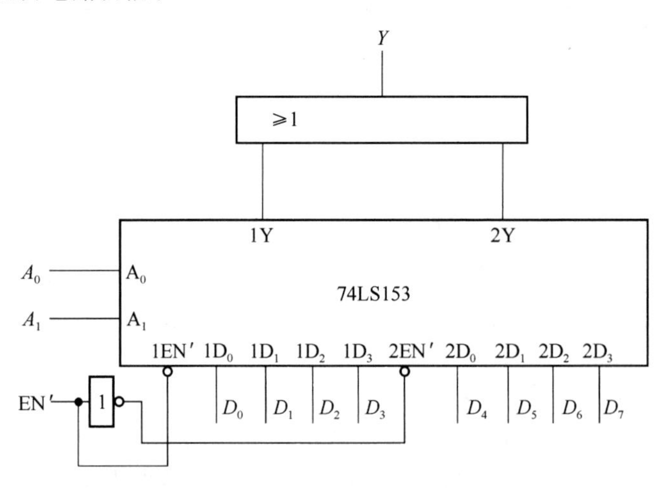

图 2-5-5

表 2-5-5

A_2	A_1	A_0	D_7	D_6	D_5	D_4	D_3	D_2	D_1	D_0	Y
0	0	0	1	1	1	1	1	1	1	0	
			0	0	0	0	0	0	0	1	
0	0	1	1	1	1	1	1	1	0	1	
			0	0	0	0	0	0	1	0	
0	1	0	1	1	1	1	1	0	1	1	
			0	0	0	0	0	1	0	0	

续表

A_2	A_1	A_0	D_7	D_6	D_5	D_4	D_3	D_2	D_1	D_0	Y
0	1	1	1	1	1	1	0	1	1	1	
			0	0	0	0	1	0	0	0	
1	0	0	1	1	1	0	1	1	1	1	
			0	0	0	1	0	0	0	0	
1	0	1	1	1	0	1	1	1	1	1	
			0	0	1	0	0	0	0	0	
1	1	0	1	0	1	1	1	1	1	1	
			0	1	0	0	0	0	0	0	
1	1	1	0	1	1	1	1	1	1	1	
			1	0	0	0	0	0	0	0	

6. 数据选择器构成全加器

用数据选择器 74LS153 和反相器 74LS04 实现组合逻辑电路全加器的电路如图 2-5-6 所示，将 74LS153 的 A_1、A_0 端作为全加器的 A_i、B_i 输入端，全加器的低位进位 C_{i-1} 从 74LS153 的 D_0、D_3 端输入，两个数据选择器的输出 1Y 和 2Y 分别代表全加器的和端 S_i 和向高位的进位 C_i。改变输入端的状态，观察输出端的状态是否符合全加器的逻辑功能。将结果填入表 2-5-3 中。

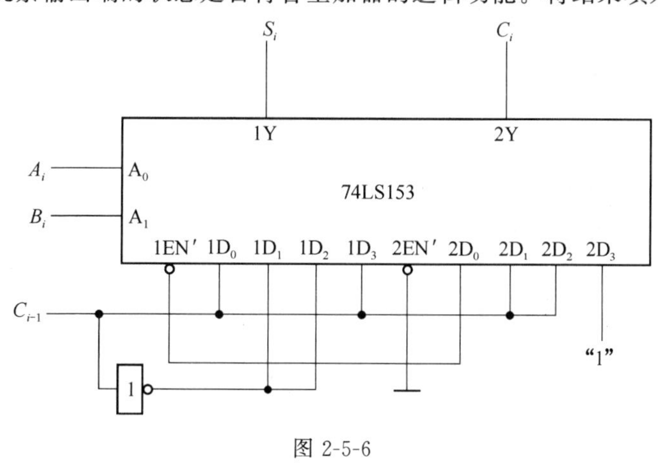

图 2-5-6

五、实验报告要求

1. 整理实验数据，分析实验结果，与理论值是否相符？
2. 总结用中规模集成译码器、数据选择器级联使用的方法及功能。
3. 说明实验中的故障及解决方法。

六、思考题

1. 分析比较采用译码器和数据选择器实现组合逻辑函数，在电路上有何特点。
2. 总结数据选择器电路的特点，说明地址变量对数据通道起什么作用。

实验6 触发器

一、实验目的

1. 掌握基本 RS、JK、D 及 T 触发器的逻辑功能。
2. 熟悉各种触发器之间的相互转换方法。
3. 学习触发器逻辑功能的测试方法。

二、实验仪器与器材

数字实验箱;双踪示波器;D 触发器 74LS74;JK 触发器 74LS76;与非门 74LS00。

三、实验原理

触发器是存放二进制信息的基本单位,是构成时序电路的主要元件。触发器具有两种稳定状态,即 0 状态($Q=0,Q'=1$)和 1 状态($Q=1,Q'=0$)。在时钟脉冲的作用下,根据输入信号的不同,触发器可具有置 0、置 1、保持和翻转等不同功能。

四、实验内容及步骤

1. 基本 RS 触发器

(1) 选用两个输入端的与非门,按图 2-6-1 接成基本 RS 触发器,将 R'、S'分别接在输入控制开关,Q 和 Q'分别接在输出发光二极管上。

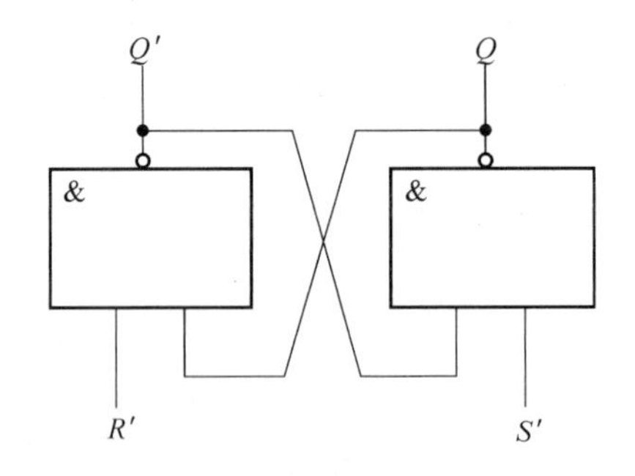

图 2-6-1

(2) 改变 R'、S'的逻辑状态,实现触发器置 0、1,观察相应的输出状态,并将观察结果填入表 2-6-1 中。

(3) 验证触发器的"不定状态",使 R'、S'置 0 或置 1,重复多次,注意观察,可以发现,当 $R'=0,S'=0$ 时,发光二极管都亮,即 $Q=Q'=1$,但当 R'和 S'都由 0 变为 1 时,哪一支二极管亮,哪一支二极管不亮,其出现的情况是随机不可预测的。

表 2-6-1

R'	S'	Q	Q'	触发器状态
0	1			
1	0			
1	1			
0	0			

2. *D* 触发器

(1) 置位端和复位端的功能测试：将双 D 触发器 74LS74 中的一个触发器的 R'_D、S'_D 分别接高低电平，D 及 CP 处于任意状态，测试 R'_D、S'_D 的功能，将测试结果填入表 2-6-2 中。

表 2-6-2

R'_D	S'_D	Q	Q'
0	1		
1	0		

(2) 逻辑功能测试：按表 2-6-3 的要求，测试 D 触发器的逻辑功能并将结果记录于表 2-6-3 中。

表 2-6-3

D	Q^n	CP	Q^{n+1}
0	0	↑	
	1	↑	
1	0	↑	
	1	↑	

(3) CP 接连续脉冲 1 kHz，触发器接成计数状态，即 Q' 与 D 相连，观察输出波形和 CP 波形，并记录之，注意比较两个波形之间的相位对应关系。(注：触发器在 CP 脉冲的什么沿翻转？)

3. *JK* 触发器

(1) 置位端和复位端的功能测试：将 JK 触发器 74LS76 中的一个触发器 R'_D、S'_D 分别接高低电平，CP 端、J、K 端均为任意状态，测试 JK 触发器的输出状态，并将结果填入表 2-6-4 中。

表 2-6-4

R'_D	S'_D	Q 端逻辑状态
0	1	
1	0	

(2) 逻辑功能测试：将 JK 触发器的 CP 端接在手动单次脉冲信号源上，并利用 R'_D、S'_D 端将触发器置 0 或 1。从 CP 端手动输入单次脉冲，J 端和 K 端的逻辑状态如表 2-6-5 中给出的状态，测试输出端 Q 的逻辑状态，并将结果记录于表 2-6-5 中。

(3) CP 接连续脉冲 1 kHz,JK 悬空,观察并记录输出和 CP 波形,比较两者之间的相位关系。(注:触发器在 CP 脉冲的什么沿翻转?)

表 2-6-5

J	K	Q^n	CP	Q^{n+1}
0	0	0	↓	
		1	↓	
0	1	0	↓	
		1	↓	
1	0	0	↓	
		1	↓	
1	1	0	↓	
		1	↓	

4. *T* 触发器

JK 触发器接成 T 触发器($J=K=T$),CP 端输入脉冲信号,观察输入和输出的波形,注意它们的相互关系。

五、实验报告要求

1. 整理实验中测试、观察到的结果。
2. 比较各种类型触发器的触发方式有什么不同。

六、思考题

1. 如何迅速判断 JK 触发器的 J、K 各端的好坏?实验验证之。
2. 如何迅速判断 D 触发器各端的好坏?实验验证之。
3. RS 触发器为什么不允许出现两个输入同时为零的情况?

实验 7　移位寄存器

一、实验目的

1. 掌握移位寄存器的工作原理及其应用。
2. 熟悉移位寄存器的逻辑功能及实现各种移位功能的方法。
3. 熟悉中规模移位寄存器的逻辑功能及实现各种移位功能的方法。

二、实验仪器与器材

数字实验箱;示波器;D 触发器 74LS74;移位寄存器 74LS194。

三、实验原理

寄存器是寄存二进制信息的时序逻辑部件,是数字仪表和计算机硬件系统中最基本的逻辑部件之一。寄存器分为数码寄存器和移位寄存器。移位寄存器不仅可以寄存信息代码,而且可以实现数码的左移和右移,从而实现串行和并行之间的转换以及数据运算和数据处理,还可以构成移位寄存器型计数器。移位寄存器是一种由触发器链型连接组成的同步时序电路,每一个触发器的输出连到下一级触发器的输入,所有触发器共用一个时钟脉冲源。在时钟脉冲的作用下,存储在移位寄存器中的二进制信息逐位左移或右移。由 D 触发器组成的移位寄存器如图 2-7-1 所示。

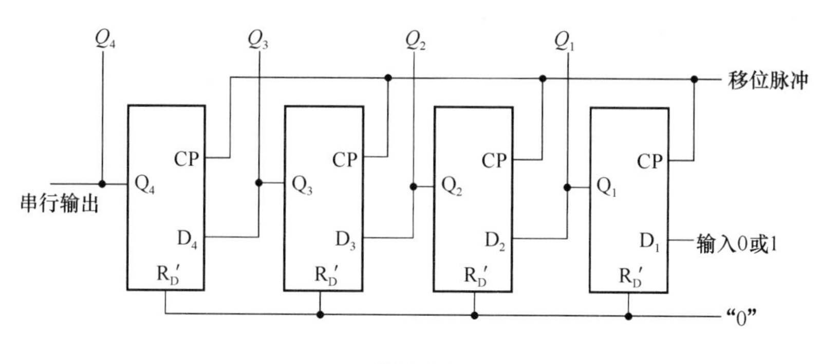

图 2-7-1

四、实验内容及步骤

1. 利用图 2-7-1 的移位寄存器完成下列功能:

(1) 清零:清除原寄存器中的数码($R'_D=0$)。

(2) 移位:在输入端 D_1 输入以下几组数据,从串行输出端 Q_4 观察输出结果,并完成表 2-7-1。

表 2-7-1

输入 D	时钟 CP	串行输出 Q	输入 D	时钟 CP	串行输出 Q
1	↑		1	↑	
1	↑		0	↑	
1	↑		1	↑	
1	↑		0	↑	
	↑			↑	
	↑			↑	
	↑			↑	
0	↑		0	↑	
1	↑		1	↑	
0	↑		1	↑	
1	↑		0	↑	
	↑			↑	
	↑			↑	
	↑			↑	

(3) 存数、取数：采用串行输入的方式，把数保存寄存器中，然后以并行输出端 Q_1、Q_2、Q_3、Q_4 以并行方式输出。填表 2-7-2。

表 2-7-2

输入		输出初态				输出次态			
D_1	CP	Q_1^n	Q_2^n	Q_3^n	Q_4^n	Q_1^{n+1}	Q_2^{n+1}	Q_3^{n+1}	Q_4^{n+1}
1	↑								
0	↑								
1	↑								
0	↑								
0	↑								
0	↑								
1	↑								
1	↑								
0	↑								
1	↑								
0	↑								
0	↑								
1	↑								
1	↑								
1	↑								
1	↑								

2. 中规模集成移位寄存器的功能及应用：

中规模集成移位寄存器的种类很多，74LS194 就是最常用的移位寄存器。74LS194 是 4 位双向移位寄存器，具有左移、右移、并行置数和保持的功能，电路图如图 2-7-2。图 2-7-2 中 CR'为清零端，D_0、D_1、D_2、D_3 为并行数据输入端，Q_0、Q_1、Q_2、Q_3 为寄存器输出端，D_{SR}为右移串行数据输入端，D_{SL}为左移串行数据输入端，M_1、M_2 为功能控制端，CP 为时钟脉冲输入端。74LS194 的逻辑功能见表 2-7-3，当 $CR'=0$ 时，异步清零；当 $CR'=1$ 时，移位寄存器在功能控制端(M_1、M_2)与 CP 脉冲的配合下，实现左移、右移、并行置数和保持的功能。

表 2-7-3

清除 CR'	方式 M_2　M_1	时钟 CP	功　能 (操作)
0	×　×	×	异步清除
1	0　0	↑	保持
1	0　1	↑	右移
1	1　0	↑	左移
1	1　1	↑	并行置数

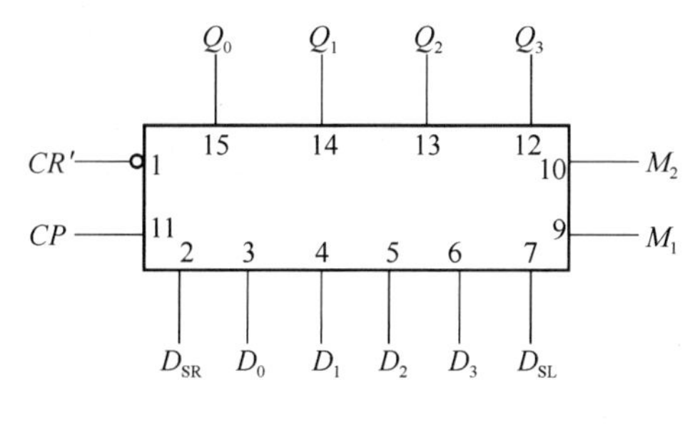

图 2-7-2

用 74LS194 完成以下实验内容：

(1) 清零：当 $CR'=0$ 时，移位寄存器清零。填表 2-7-4。

表 2-7-4

输　入										输　出			
CR'	M_2	M_1	CP	D_{SR}	D_{SL}	D_0	D_1	D_2	D_3	Q_0	Q_1	Q_2	Q_3
0	×	×	×	×	×	×	×	×	×				

(2) 串入并出

让 74LS194 工作在右移(左移)状态，经过 4 个移位脉冲的作用，可串行输入 4 位数据代码，由寄存器的 Q_0、Q_1、Q_2、Q_3 并行输出，即实现了串入并出。填表 2-7-5。(注：在此工作前，应先对移位寄存器清零)。

表 2-7-5

输入						输出							
CR'	M_2	M_1	D_{SR}	D_{SL}	CP	Q_0^n	Q_1^n	Q_2^n	Q_3^n	Q_0^{n+1}	Q_1^{n+1}	Q_2^{n+1}	Q_3^{n+1}
1	0	1	1	×	↑								
1	0	1	0	×	↑								
1	0	1	1	×	↑								
1	0	1	0	×	↑								
1	1	0	×	0	↑								
1	1	0	×	1	↑								
1	1	0	×	0	↑								
1	1	0	×	1	↑								

(3) 串入串出

在串入并出的基础上,再输入 4 个移位脉冲,即可把前面串入的 4 位数据代码从 Q_3(Q_0)输出端依次输出,实现了串入串出。

(4) 并入并出

让 74LS194 工作在并行置数状态,在 CP 的作用下,可将并行数据输入端的 4 位数据 D_0、D_1、D_2、D_3 并行输入到寄存器,由寄存器的 Q_0、Q_1、Q_2、Q_3 并行输出,即实现了并入并出。填表 2-7-6。(注:在此工作前,应先对移位寄存器清零)。

表 2-7-6

输入										输出			
CR'	M_2	M_1	D_{SR}	D_{SL}	D_0	D_1	D_2	D_3	CP	Q_0	Q_1	Q_2	Q_3
1	1	1	×	×	0	0	0	0	↑				
1	1	1	×	×	1	1	1	1	↑				
1	1	1	×	×	0	1	1	0	↑				
1	1	1	×	×	1	0	0	1	↑				

(5) 并入串出

在并入的基础上,令 74LS194 工作在右移(左移)状态,再经过 4 个移位脉冲的作用,可将并行输入的数据 D_0、D_1、D_2、D_3 由 Q_3(Q_0)输出端依次输出,实现并入串出。

(6) 保持

清零后,先按并行置数功能操作,送入一组数据,再进行保持功能操作。填表 2-7-7。

表 2-7-7

输入								输出							
CR'	M_2	M_1	D_0	D_1	D_2	D_3	CP	Q_0^n	Q_1^n	Q_2^n	Q_3^n	Q_0^{n+1}	Q_1^{n+1}	Q_2^{n+1}	Q_3^{n+1}
0	0	0	1	1	1	1	↑								
1	1	1	1	0	1	0	↑								
1	0	0	0	1	0	1	↑								

五、实验报告要求

1. 按各步要求画出实验电路图,记录测试数据。
2. 分析实验结果和实验现象。
3. 谈谈排除故障的过程。

六、思考题

1. 74LS194 的清除操作是同步操作还是异步操作?与移位脉冲有无关系?
2. 移位寄存器有哪些具体应用?
3. 如何用 74LS194 构成 8 分频?

实验8　二进制计数器

一、实验目的

1. 掌握二进制加法和减法计数器工作原理和使用方法。
2. 学会计数器的调整及测试。
3. 掌握任意进制计数器的设计方法。

二、实验仪器与器材

数字实验箱；双踪示波器；D 触发器 74LS74。

三、实验原理

计数器种类繁多，分类方法也有多种。按计数器的编码方法可分为二进制、十进制和其他进制计数器；按计数过程中计数数字增减分可为加法与减法计数器；按计数器中触发器翻转次序可分为异步与同步计数器。

用四 D(或 JK)触发器串接起来，组成四位异步二进制加计数器。计数器的每级按逢二进一的计数规律，由低位向高位进位，可以对输入的一串计数脉冲进行计数，并以 16 为一个计数循环，其累计的脉冲数等于 2^N(N 为计数的位数)。

四、实验内容及步骤

1. 二进制加法计数器

(1) 按图 2-8-1 搭接电路图。

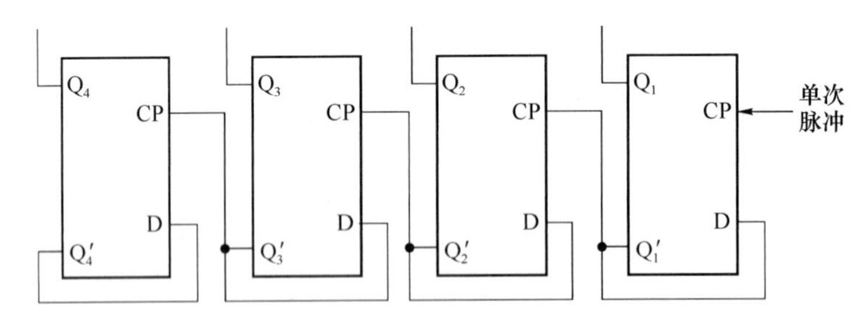

图 2-8-1

(2) 清零。将四个 D 触发器的 $R_D'=0$，使各计数器处在 $Q=0, Q'=1$ 的 0 状态。

(3) 计数。送第一个计数脉冲，计数器为 0001 状态；送第二计数脉冲，最低位计数器由 1 变 0，并向高位送出一个进位脉冲，使第二级触发器翻转，成为 0010 状态。依此类推，分别送入 16 个脉冲，将观察到的计数结果填入表 2-8-1 中。

表 2-8-1

计数脉冲数目	二进制码				计数脉冲数目	二进制码			
	Q_4	Q_3	Q_2	Q_1		Q_4	Q_3	Q_2	Q_1
1					9				
2					10				
3					11				
4					12				
5					13				
6					14				
7					15				
8					16				

2. 二进制减法计数器

将图 2-8-1 稍加以变动即可实现减法的功能。

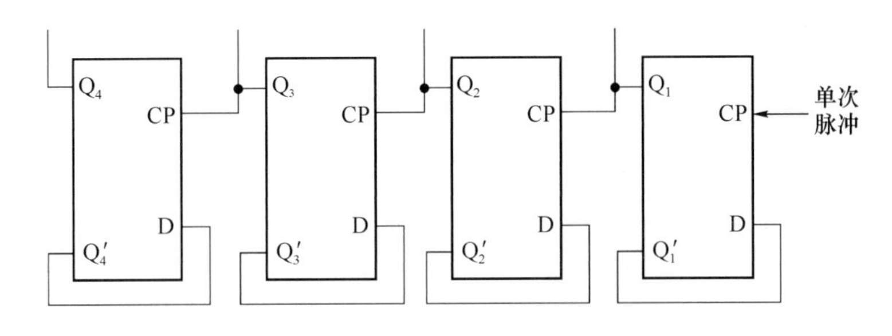

图 2-8-2

(1) 按图 2-8-2 搭接电路图。

(2) 清零。将四个 D 触发器的 $R'_D=0$，使各计数器处在 $Q=0$，$Q'=1$ 的 0 状态。

(3) 给时钟单次脉冲，观察 Q_1、Q_2、Q_3、Q_4 的状态，填表 2-8-2。

表 2-8-2

计数脉冲数目	二进制码				计数脉冲数目	二进制码			
	Q_4	Q_3	Q_2	Q_1		Q_4	Q_3	Q_2	Q_1
1					9				
2					10				
3					11				
4					12				
5					13				
6					14				
7					15				
8					16				

3. 十进制计数器

在图 2-8-1 的基础上，设计一个由 D 触发器链接的异步的十进制计数器。要求完成以下实验内容：

（1）按照所设计的电路搭接电路。

（2）清零：使各触发器处于 0 状态。

（3）计数：计数器 CP 端加单次脉冲，观察 Q_1、Q_2、Q_3、Q_4 的状态，填表 2-8-3。

表 2-8-3

计数脉冲	二进制显示			
	Q_4	Q_3	Q_2	Q_1
1				
2				
3				
4				
5				
6				
7				
8				
9				
10				

五、实验报告要求

1. 记录实验数据。
2. 画出设计图，并用文字说明设计思路。

六、思考题

1. 同步计数器与异步计数器有何区别？
2. 同步计数器与异步计数器各有何优缺点？

实验 9　集成计数器应用及设计

一、实验目的

1. 掌握集成计数器的逻辑功能以及使用方法。
2. 学会集成计数器的应用。

二、实验仪器与器材

数字实验箱；双踪示波器；计数器 74LS90；同步计数器 74LS192。

三、实验原理

计数器是数字系统中应用最广泛的时序电路，它具有累计脉冲个数、定时、分频、执行数字运算等逻辑功能。计数器种类繁多，分类方法也有多种。按计数器中触发器翻转次序可分为异步与同步计数器。

四、实验内容及步骤

1. 同步计数器

74LS192 是同步十进制可逆计数器，它由 4 个主从 T 触发器和一些门电路组成，如图 2-9-1 所示。74LS192 具有双时钟输入、清零、保持、并行置数、加计数、减计数等功能。功能表如表 2-9-1 所示。

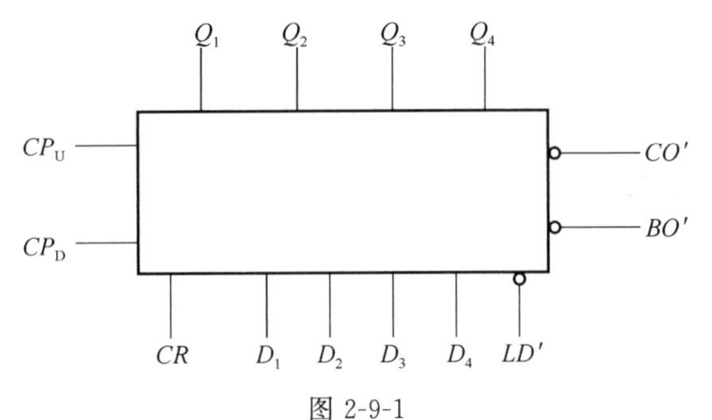

图 2-9-1

其中：CR 是清零端，高电平有效；CP_U 是递加计数脉冲输入端；CP_D 是递减计数脉冲输入端；LD' 是置数控制端；CO' 是进位输出端；BO' 是借位输出端。

表 2-9-1

输　入								输　出			
CR	LD'	CP_U	CP_D	D_1	D_2	D_3	D_4	Q_1	Q_2	Q_3	Q_4
1	×	×	×	×	×	×	×	0	0	0	0
0	0	×	×	a	b	c	d	a	b	c	d
0	1	↑	1	×	×	×	×	加计数			
0	1	1	↓	×	×	×	×	减计数			

用 74LS192 完成以下实验内容：

(1) 清零、并行输入功能测试，完成表 2-9-2。

表 2-9-2

输入						输出			
CR	LD'	D_1	D_2	D_3	D_4	Q_1	Q_2	Q_3	Q_4
1	×	1	1	1	1				
0	0	1	0	1	0				

(2) 加计数功能测试

CP_U 接单次脉冲或连续的 1 Hz 连续时钟脉冲，观察计数器的 4 个输出端及 CO'端的状态，填表 2-9-3。

表 2-9-3

输入				输出				
CR	LD'	CP_U	CP_D	Q_1	Q_2	Q_3	Q_4	CO'
0	1	↑	1					
0	1	↑	1					
0	1	↑	1					
0	1	↑	1					
0	1	↑	1					
0	1	↑	1					
0	1	↑	1					
0	1	↑	1					
0	1	↑	1					
0	1	↑	1					

(3) 减计数功能测试

CP_D 接单次脉冲或连续的 1 Hz 时钟脉冲，观察计数器的 4 个输出端及 BO'端的状态，填表 2-9-4。

表 2-9-4

输入				输出				
CR	LD'	CP_U	CP_D	Q_1	Q_2	Q_3	Q_4	BO'
0	1	1	↓					
0	1	1	↓					
0	1	1	↓					
0	1	1	↓					
0	1	1	↓					
0	1	1	↓					
0	1	1	↓					
0	1	1	↓					
0	1	1	↓					
0	1	1	↓					

(4) 用74LS192设计出一个八进制计数器

用74LS192和74LS00(与非门)构成八进制计数器,并测试其技术功能,观察 Q_4 与计数脉冲的关系,将测试结果填入表2-9-5。

表 2-9-5

输入				输出				
CR	LD'	CP_U	CP_D	Q_1	Q_2	Q_3	Q_4	CO'
0	1	↑	1					
0	1	↑	1					
0	1	↑	1					
0	1	↑	1					
0	1	↑	1					
0	1	↑	1					
0	1	↑	1					
0	1	↑	1					
0	1	↑	1					

2. 异步计数器

74LS90是二-五-十进制异步计数器,它由4个 JK 触发器和一些门电路组成。如图2-9-2所示,主体电路由两部分组成,第一部分是一位二进制计数器,CP_a 是它的计数输入端,Q_1 是输出端;第二部分是一个异步五进制计数器,CP_b 是计数脉冲输入端,Q_2、Q_3、Q_4 是输出端。为了便于将计数器预置成0000和1001,电路设置了 R_{01}、R_{02} 为直接置0端,S_{91}、S_{92} 为直接置9端。74LS90功能表如表2-9-6所示。

表 2-9-6

输入				输出			
R_{01}	R_{02}	S_{91}	S_{92}	Q_1	Q_2	Q_3	Q_4
1	1	0	×	0	0	0	0
1	1	×	0	0	0	0	0
×	×	1	1	1	0	0	1
×	0	×	0	计数			
0	×	0	×	计数			
0	×	×	0	计数			
×	0	0	×	计数			

用74LS90完成以下实验内容:

(1) 清零。使各计数器处在 $Q=0$,$Q'=1$ 的0状态(R_{01}、R_{02} 同时为高电平)。

(2) 十进制加法计数。按图2-9-2连线,CP_a 加单脉冲。观察 Q_1、Q_2、Q_3、Q_4 指示灯的状态,将其结果填于表2-9-7中。

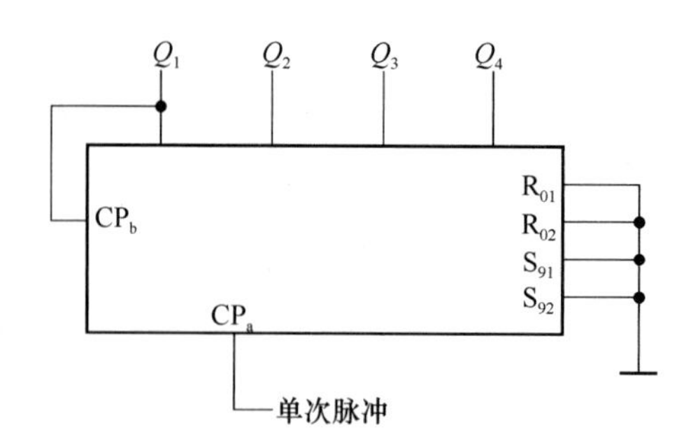

图 2-9-2

表 2-9-7

计数脉冲	二进制显示			
	Q_4	Q_3	Q_2	Q_1
1				
2				
3				
4				
5				
6				
7				
8				
9				
10				

(3) 分频。CP_a 加连续的 1 kHz 脉冲。用双踪示波器观察 CP_a 波形与 Q_1、Q_2、Q_3、Q_4 的波形的相位关系，并记录。

(4) 用 74LS90 完成六进制的设计

根据计数器的功能表，将计数器设计成一个六进制的计数器，画出设计图，将测试结果填入表 2-9-8 中。并用双踪示波器观察 CP_a 波形与 Q_1、Q_2、Q_3、Q_4 的波形的相位关系，并记录。

表 2-9-8

计数脉冲	二进制显示			
	Q_4	Q_3	Q_2	Q_1
1				
2				
3				
4				
5				
6				

五、实验报告要求

1. 记录实验数据。
2. 绘出波形图(要绘出一个计数周期的波形),并加以分析。
3. 画出设计图,并用文字说明设计思路。

六、思考题

1. 如何用两个74LS192级连构成二十四进制计数器?
2. 如何用74LS 90构成四进制计数器及八进制计数器?

实验 10 计数译码和显示

一、实验目的

1. 了解译码器、数码显示器的工作原理和基本使用方法。
2. 掌握计数器、译码器、数码显示器连接应用的基本方法。

二、实验仪器与器材

数字实验箱;译码器 74LS47;共阳极数码显示器;计数器 74LS90。

三、实验原理

1. 计数译码显示系统的组成

典型的计数译码显示系统由十进制计数器、BCD 四线-七段译码器及七段数码显示器构成,如图 2-10-1。计数译码显示系统能将输入的脉冲信号自动计数,然后由计数器输出 842IBCD 码,再由译码器译成七段数码管所需要的电信号,经由七段数码管显示出用十进制表示的脉冲数。

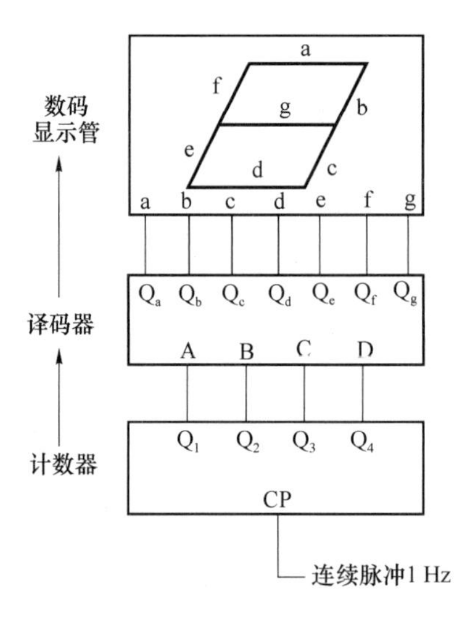

图 2-10-1

2. LED 七段数码管简介

数码显示管它是用发光二极管(简称 LED)组成字型来显示数字、文字(主要是拉丁字母)和符号。LED 数码显示管有共阴极和共阳极两大类,使用时要求和相应的译码/驱动器相配合。例如共阴极 LED 数码管需要和输出为高电平有效的译码器相配合,共阳极 LED 数码管需要和输出为低电平有效的译码器相配合。LED 数码管在使用时要注意,必须要给每段二极管加上合适的限流电阻。LED 数码显示管在工作时,工作电流一般应为 10 mA/段,可保证数字的亮度适中，又不会损坏器件，当然，也需要看数码管的使用场所来确定工作电流的大小。在 5～20 mA 电流范围内，数码管都可以正常工作。

3. 译码器简介

LED 数码管是在译码驱动电路的驱动下工作的，所以在使用时要求配用相应的译码器。常用的译玛/驱动器有 74LS47，其输出是低电平有效；74LS48，其输出是高电平有效。

四、实验内容及步骤

1. 译码器与显示器的连接应用

（1）按图 2-10-2 接线，其中 A、B、C、D 分别接高低电平，输出端与显示器之间要有外接电阻（240～680 Ω）。

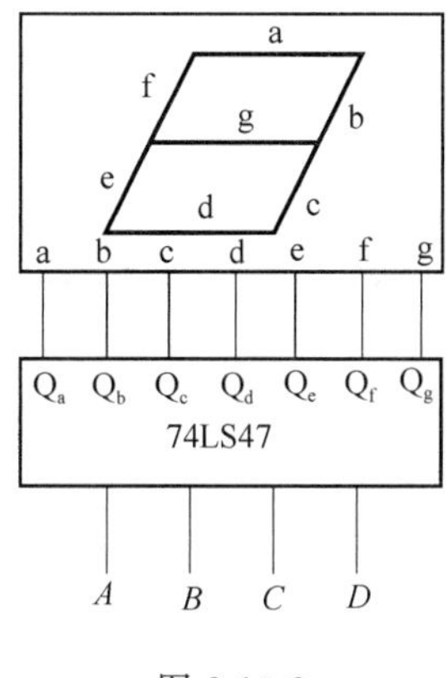

图 2-10-2

（2）接通电源按表 2-10-1 给出 A、B、C、D 的逻辑状态，观察 74LS47 的输出和数码管的显示，并将其结果记录在表 2-10-1 中。

表 2-10-1

BCD 码				二进制码							十进制码
D	C	B	A	a	b	c	d	e	f	g	
0	0	0	0								
0	0	0	1								
0	0	1	0								
0	0	1	1								
0	1	0	0								
0	1	0	1								
0	1	1	0								
0	1	1	1								
1	0	0	0								
1	0	0	1								

2. 计数、译码、显示的应用

(1) 将计数器74LS90连接成十进制计数器，将计数器的输出端Q_1、Q_2、Q_3、Q_4分别对应连在译码器的输入端A、B、C、D，计数器的CP_a连在连续的1Hz的脉冲上，观察显示器的显示数据并填表2-10-2。

(2) 将计数器74LS90连接成六进制计数器，将计数器的输出端Q_1、Q_2、Q_3、Q_4分别对应连在译码器的输入端A、B、C、D，计数器的CP_a连在连续的1Hz的脉冲上，观察显示器的显示数据并填表2-10-3。

表 2-10-2

脉冲数	显示的十进制数
1	
2	
3	
4	
5	
6	
7	
8	
9	
10	

表 2-10-3

脉冲数	显示的十进制数
1	
2	
3	
4	
5	
6	

3. 计数、译码显示的级联应用

(1) 将两片计数器74LS90连接成六十进制计数器，设计并连接计数、译码显示电路。观察显示结果。

(2) 画出所设计的电路图。

五、实验报告要求

1. 绘出实验电路图。
2. 记录实验结果并完成思考题。

六、思考题

1. 本实验所用的数码显示器是共阳极的还是共阴极的？
2. 用于驱动共阳极数码显示器的译码驱动器，它的输出是高电平有效还是低电平有效？驱动共阴极的又如何？
3. 本实验所使用的译码驱动器74LS47与通用译码器(例如74LS138)在功能上有什么区别？

实验 11　555 定时器及其应用

一、实验目的

1. 了解 555 定时器的结构和工作原理。
2. 学习用 555 定时器组成常用几种脉冲发生器。
3. 熟悉用示波器测量 555 电路的脉冲幅度、周期和脉宽的方法。

二、实验仪器与器材

555 定时器；双踪示波器；电容、电阻若干。

三、实验原理

555 定时器是一种中规模集成器件，只需在外部连接几个适当的阻容元件，就可以方便地构成多谐振荡器、施密特触发器及单稳态触发器等脉冲发生与变换电路。管脚图如图 2-11-1 所示。其中，TH 为高电平触发端；TR 为低电平触发端；RD' 为复位端；V_{co} 为控制电压端；DISC 为放电端；OUT 为输出端。

1. 555 定时器组成的多谐振荡器

555 多谐振荡器如图 2-11-2 所示。图 2-11-2 中 R_1、R_2 为外接元件，其输出波形振荡频率为

$$f = 1/T = 1/(T_1 + T_2) = 1.44/(R_1 + 2R_2)C$$

式中

$$T_1 \approx 0.7(R_1 + R_2)C$$

$$T_2 \approx 0.7R_2C$$

占空比

$$q = T_1/T_2 + T_2 = (R_1 + R_2)\ /\ (R_1 + 2R_2)$$

当 $R_2 \gg R_1$ 时，占空比近似 50%。

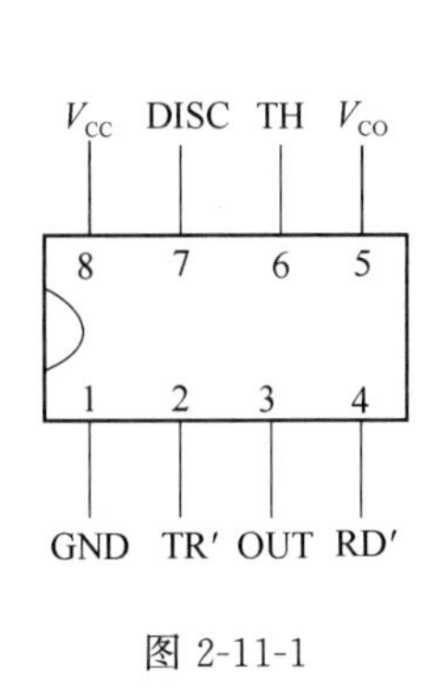

图 2-11-1

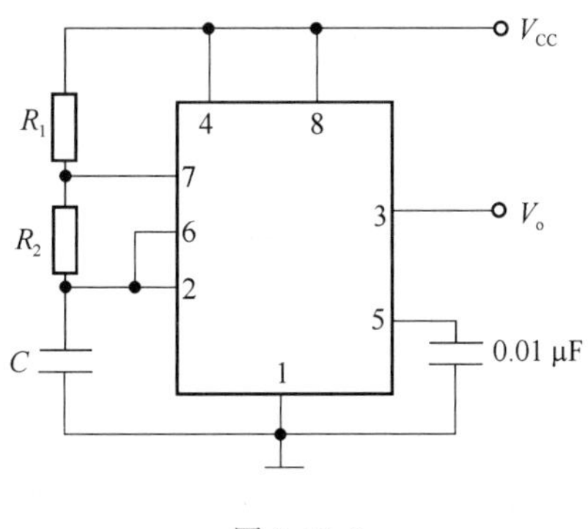

图 2-11-2

2. 555 定时器组成的单稳态触发器

555 单稳态触发器如图 2-11-3 所示，在输入端加入适当的频率和脉宽信号。输出脉冲的

宽度等于暂稳态的持续时间，而暂稳态的持续时间取决于外接电阻和电容的大小，$T_W = RC\ln 3 = 1.1RC$。

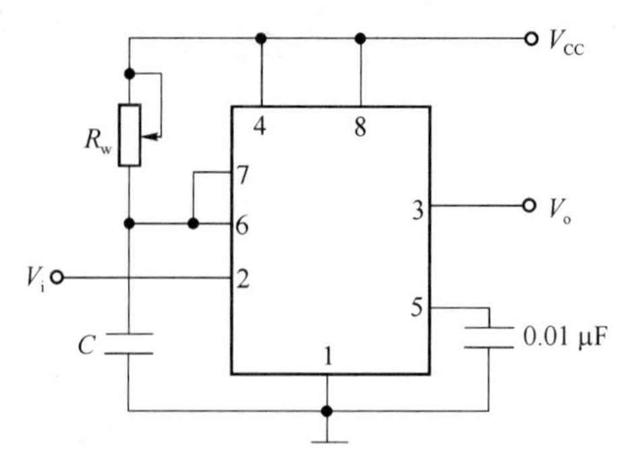

图 2-11-3

3. 用 555 定时器组成的施密特电路

555 施密特电路如图 2-11-4 所示。图 2-11-4 中控制端 5 脚加一可调直流电压 V_{CO}，其大小改变，V_{CO} 为 555 电路比较器的参考电压，V_{CO} 越大，参考电压值越大，输出的波形宽度越宽。

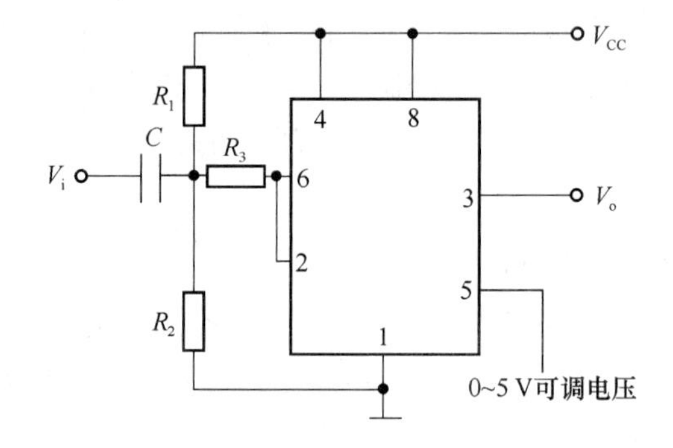

图 2-11-4

该施密特电路可方便地把正弦波、三角波变换成方波，其回差电压为

$$\Delta V_T = V_{T+} - V_{T-} = 2/3V_{CC} - 1/3\ V_{CC} = 1/3V_{CC}$$

改变 5 脚 V_{CO}，则可用来调节 ΔV_T 值。

四、实验内容及步骤

1. 用 555 定时器组成的多谐振荡器

(1) 按图 2-11-2 接电路。图 2-11-2 中各元件可取如下数值：$R_1 = 47\ \text{k}\Omega$，$R_2 = 47\ \text{k}\Omega$，$C = 0.1\ \mu\text{F}$。计算输出频率及输出波形的占空比。填表 2-11-1。

表 2-11-1

频率 f	占空比 q

(2) 用双踪示波器观察 v_c 及 v_o 的波形,并记录波形。注意相位的对应关系。

2. 用555定时器组成单稳态触发器

(1) 图2-11-3中,各元器件的参考数值如下,$R=10\ \text{k}\Omega$,$C=0.33\ \mu\text{F}$,v_I 是频率为10 kHz的方波信号。用示波器观察 v_I、v_c、v_o 的波形,测量 T_W,并与理论值进行比较。

(2) 画出对应的 v_I、v_c、v_o 波形。

3. 用555定时器组成的施密特电路

(1) 按图2-11-4接电路。各元器件的参考数值如下:$R_1=100\ \text{k}\Omega$,$R_2=100\ \Omega$,$R_3=10\ \text{k}\Omega$,$C=33\ \mu\text{F}$,v_I 是频率为1 kHz的方波信号。

(2) 用示波器同时观察输入信号 v_I 和输出信号 v_o,并记录。

改变控制电压 V_{co},观测 ΔV_T 值的变化情况。

五、实验报告要求

1. 画出实验电路图和电路波形,并在波形上标上幅度和时间。
2. 对测量的数据进行数据分析。

六、思考题

1. 555定时器构成的振荡器,其振荡周期和占空比的改变与哪些因素有关?只需改变周期,而不改变占空比,应调整哪个元件参数?

2. 在用555定时器组成单稳态触发器电路中,想使输出信号的脉宽为10 s,怎样调整电路?此时各元件的参数值为多少?

实验 12 随机存储器(RAM)

一、实验目的

1. 了解 RAM 存储器的组成及工作原理。
2. 熟悉 RAM 存储的数据读、写过程的使用方法及注意事项。

二、实验仪器与器材

数字实验箱;万用表;随机存储器芯片(RAM)2114。

三、实验原理

存储器属于大规模集成电路,在计算机和许多数字系统中,需要用存储器来存放二进制信息,进行各种特定的操作。存储器是计算机系统和现代电子系统和设备不可缺少的组成部分。

1. 存储器的基本分类

存储器的类型较多,从数据的存、取功能上可分为只读存储器(ROM)和随机存储器(RAM)两大类。随机存储器又称读写存储器,它不仅能读取存放在存储单元中的数据,还能随时写入新的数据。新的数据写入后,原来的数据就丢失了。器件在断电后,RAM 中的信息将全部丢失,因此 RAM 常用于存入需要经常改变的程序或中间计算结果。ROM 在使用时,数据只能读出却不能写入,即使器件断电后,ROM 中的信息也不会丢失,因此 ROM 一般用来存放一些固定的程序,如监控程序、子程序、字库及数据表等。

2. 存储器的内部结构

RAM 的基本结构主要由存储矩阵、地址译码器、读/写控制电路以及输入/输出缓冲电路等几部分组成。存储矩阵是 RAM 的主体,一个 RAM 由若干个存储单元组成,每个存储单可存放 1 位二进制数。为了存储方便,通常将存储单元设计成矩阵形式,称为存储矩阵。存储器的存储单元越多,能存储的信息就越多,该存储器的容量就越大。

为了对存储矩阵中的某个存储单元进行数据的读写,必须首先对每个存储单元所在地址进行编码,然后输入一个地址码时,就可以利用地址译码器找到存储矩阵中相对应的存储单元。RAM 的输入/输出常采用三态门作为输出缓冲电路,以便进行读/写控制,对选中一个存储单元进行读出或写入功能的操作。

图 2-12-1 是随机存储器芯片 2114 符号图。2114 是一种常用的 1 024 字×4 位静态随机存储器。$A_0 \sim A_9$ 是地址输入端,6 条用于行译码,4 条用于列译码,从已选定的存储单元进行读/写操作。CS'是片选信号控制端;R/W'是读/写选通信号端;$I/O0 \sim I/O3$ 是数据的输入/输出端。

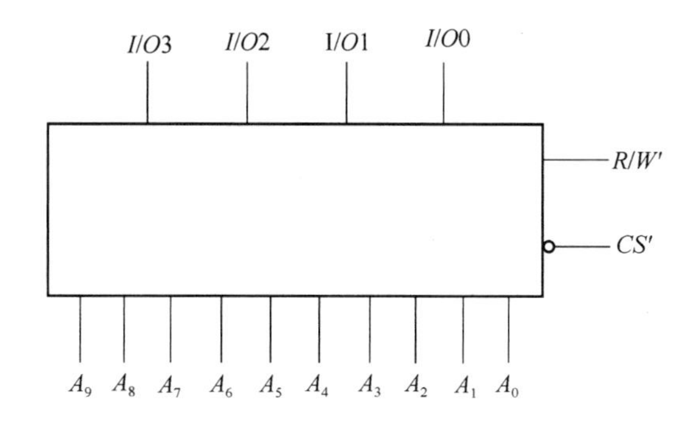

图 2-12-1

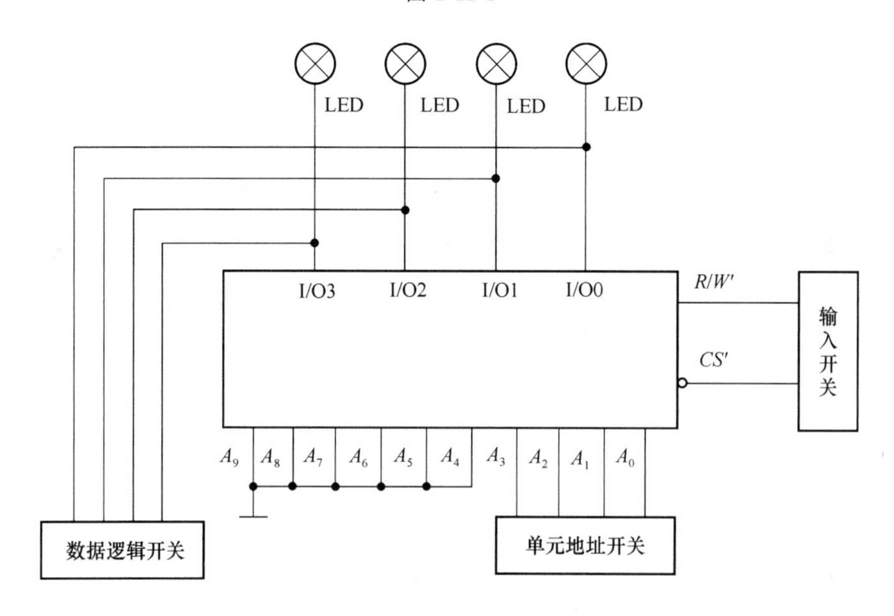

图 2-12-2

四、实验内容及步骤

1. 按图 2-12-2 接好电路。因 RAM2114 是 MOS 器件,使用时需小心,接好电路后要仔细检查,然后接通电源。

2. 随机存储器 RAM2114 的写功能操作:

(1) 按照表 2-12-1 输入单元地址后,在 CS' 与 R/W' 两个端口的输入开关,输入两个低电平($CS'=0$、$R/W'=0$)。

(2) 在数据逻辑开关进行数据的写入。此时 $I/O0 \sim I/O3$ 与数据逻辑开关相连,与 LED 断开。

3. 随机存储器 RAM2114 的读功能操作:

(1) 断开数据逻辑开关与 $I/O0 \sim I/O3$ 的连接,将 $I/O0 \sim I/O3$ 与 LED 相连。

(2) 输入表 2-12-1 中的地址单元,将随机存储器 RAM2114 置于读功能操作,即 $CS'=0$、$R/W'=1$。

(3) 观察 LED 的状态,是否与写入的数据一样。

表 2-12-1

CS'	R/W'	单元地址	数据写入	数据读出
0	0	0 0 0 0	1 1 1 1	
0	0	0 0 1 0	1 0 0 1	
0	0	1 0 0 0	0 1 0 0	
0	1	0 0 0 0		
0	1	0 0 1 0		
0	1	1 0 0 0		

注意:存储器读写操作顺序为:首先输入单元地址,然后选择片选信号,最后选择读或写状态。

4. 片选信号 CS' 功能测试:当 $CS'=0$ 时,随机存储器 RAM2114 可在读/写端口的配合下进行数据的写入与读出。当 $CS'=1$ 时,所有的 I/O 端均处于高阻状态,将存储器内部电路与外部连线隔离。这时用万用表测量 $I/O0 \sim I/O3$ 端口的电压值。填表 2-12-2。

表 2-12-2

CS'	$I/O0$	$I/O1$	$I/O2$	$I/O3$
0				

5. 断开电源,稍等后重新通电,第 2 步写入的数据是否还存在?

五、实验报告要求

回答思考题。

六、思考题

1. 动态存储器和静态存储器在电路结构和读/写操作上有何不同?
2. 地址线 $A_9 \sim A_0$ 可选择多少地址单元?
3. RAM2114 是一个 1 024 字×4 位 RAM,若用两片 2114 组成一个 1 024 字×8 位的 RAM,应如何连线?

实验 13　D/A、A/D 转换器

一、实验目的

1. 学习使用中、大规模集成电路，掌握数/模和模/数转换基本原理。
2. 了解数/模和模/数转换的接线方法。

二、实验仪器与器材

数字实验箱；数字万用表；DAC0808；ADC0809；74LS90；电阻；电位器。

三、实验原理

1. D/A 转换

数/模转换器（又称 D/A 转换器或 DAC）其电路的功能是完成数字信号到模拟信号的转换，它把输入的数字信号进行转换，输出为模电压量。其输出电压 V_D 和输入数字量 D 成正比，即 $V_D = D \cdot V_{\text{REF}}$。D/A 转换器的种类很多，本实验采用数/模转换器 DAC0832。

DAC0832D/A 转换器为 20 脚双列直插式封装，引脚图如 2-13-1 所示，各引脚名称和含义如表 2-13-1 所示。

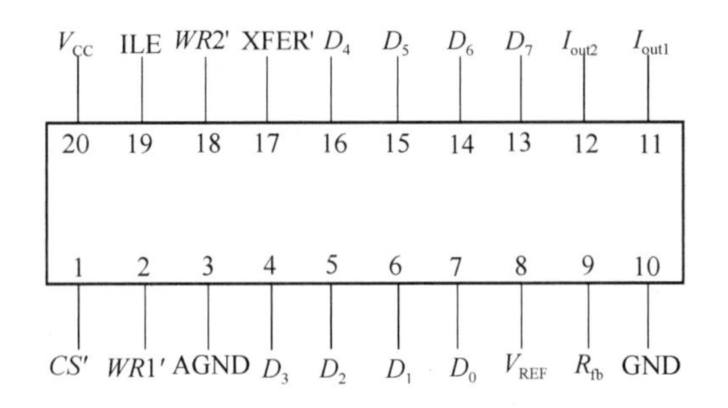

图 2-13-1

表 2-13-1

符　号	功　　能
CS'	输入寄存选择信号，低电平有效
$WR_1{}'$	低电平有效，输入寄存器的“写”选通信号
AGND	模拟信号地，D/A 转换芯片输入的是数字信号，输出为模拟信号。为了提高输出的稳定性和减少误差，所以模拟信号部分有独立的地线
$D_0 \sim D_7$	数字信号输入线
V_{REF}	基准电压输入
R_{fb}	反馈信号输入线

符　号	功　　能
XFER′	数据转移控制信号线，低电平有效
*WR*2′	DAC寄存器的“写”选通信号
ILE	数据锁存允许信号，高电平有效
I_{OUT1}、I_{OUT2}	两个电流输出端

2. A/D 转换

A/D 转换电路的功能是将连续变化的模拟信号转换成数字信号，按 A/D 转换的原理可分为并行方式、双积分式、逐次逼近式等。本实验采用逐次逼近式的 ADC0809 为例。ADC0809 的通道选择表如表 2-13-2 所示，管脚如图 2-13-2 所示。

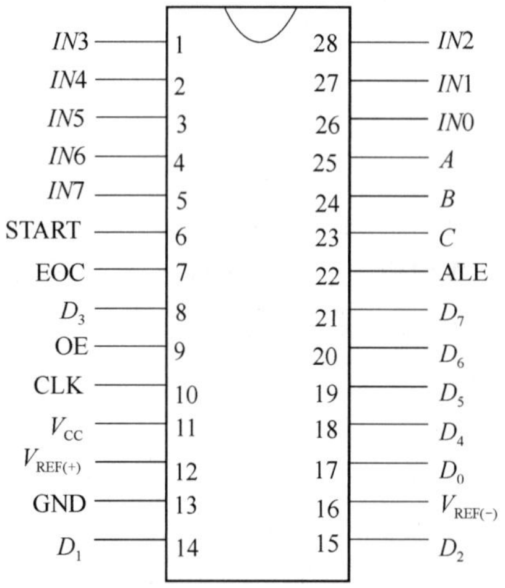

图 2-13-2

表 2-13-2

C	*B*	*A*	ALE	被选通道
0	0	0	↑	*IN*0
0	0	1	↑	*IN*1
0	1	0	↑	*IN*2
0	1	1	↑	*IN*3
1	0	0	↑	*IN*4
1	0	1	↑	*IN*5
1	1	0	↑	*IN*6
1	1	1	↑	*IN*7

*IN*0～*IN*7 为 8 路模拟量输入端；D_0～D_7 为 8 路数字量输入端；*A*、*B*、*C* 为地址选择输入端；START 为启动脉冲输入端；ALE 为地址锁存允许信号输入端；EOC 为变换结束信号；OE 为输出允许信号，高电平有效；CLK 为工作时钟输入端，典型值为 640 kHz，但在 10～1 280 kHz 均能工作。

四、实验内容及步骤

1. D/A 转换

（1）按图 2-13-3 接线，D_0～D_7 接数据开关，*CS*′、*WR*1′、*WR*2′、*XFER*′端接 0，AG(AGND)与 DG(DGND)相连接地，运放电源为±15 V。表 2-13-3 改变 D_0～D_7 的输入状态，测量 V_o 输出值，并将测量结果填入表 2-13-3 中。

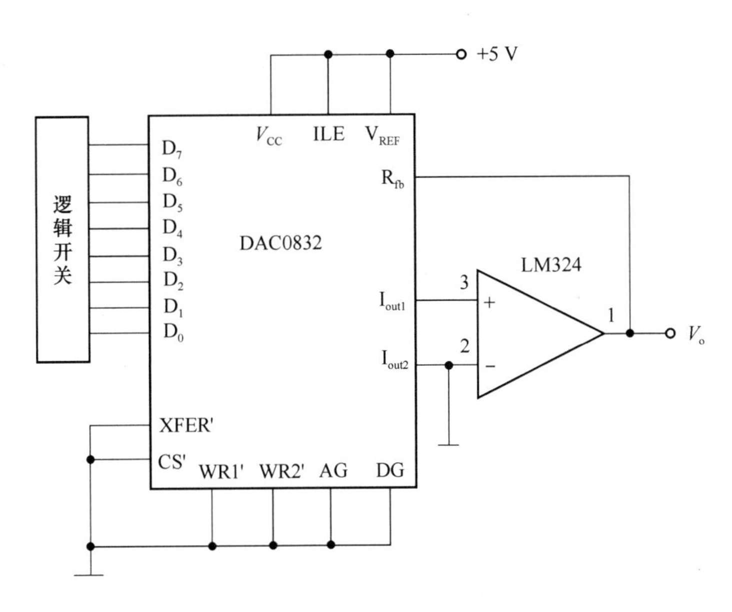

图 2-13-3

表 2-13-3

输入								输出
D_7	D_6	D_5	D_4	D_3	D_2	D_1	D_0	V_o
0	0	0	0	0	0	0	0	
0	0	0	0	0	0	0	1	
0	0	0	0	0	0	1	1	
0	0	0	0	0	1	1	0	
0	0	0	0	0	1	1	1	
0	0	0	0	1	0	0	0	
0	0	0	0	1	0	0	1	
0	0	0	0	1	1	1	1	
1	1	1	1	0	0	0	0	
1	1	1	1	0	0	0	1	
1	1	1	1	0	0	1	1	
1	1	1	1	0	1	1	0	
1	1	1	1	0	1	1	1	
1	1	1	1	1	0	0	0	
1	1	1	1	1	0	0	1	
1	1	1	1	1	1	1	1	

(2) 按图 2-13-4 接线 CP_a 接 1 kHz 方波，用示波器观察 V_o 的波形并记录。

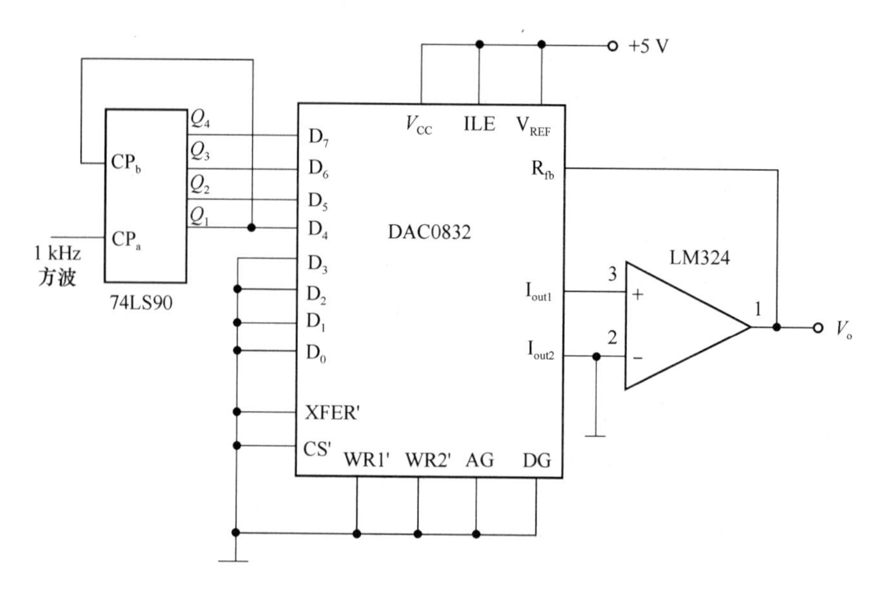

图 2-13-4

(3) 如果计数器的输出接到 DAC 的低四位,高四位接地,重复上述步骤,观察输出波形,并填入表 2-13-4。

表 2-13-4

输入数字量	输出波形
$D_0 \sim D_3 = 0$;$D_4 \sim D_7 = Q_1 \sim Q_4$	
$D_0 \sim D_3 = Q_1 \sim Q_4$;$D_4 \sim D_7 = 0$	

2. A/D 转换

按图 2-13-5 接线,其中通道地址输入端 A、B、C 接数据开关,CLK 接连续时钟脉冲信号,$D_0 \sim D_7$ 接输出发光二极管。

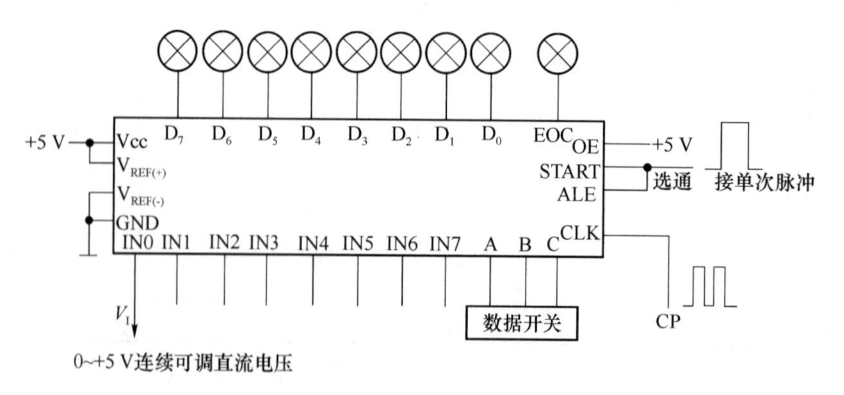

图 2-13-5

(1) 接线检查无误后接通电源,使 CP 脉冲信号为 2 kHz,使 ABC 为 000,调节直流电压

源使 $V_i=4$ V,再给一个单次脉冲,给一个首先出现上升沿的正向单次脉冲,观察输出 $D_0\sim D_7$ 状态,填表 2-13-5。

表 2-13-5

V_i/V	输出							
	D_7	D_6	D_5	D_4	D_3	D_2	D_1	D_0
4.0								
3.5								
3.0								
2.5								
2.0								
1.5								
1.0								
0.5								
0.2								
0.1								
0								

(2) 调节输入 V_i,使 $D_0\sim D_7$ 全为 1 时,测量这时的输入电压值为多少?

(3) 改变数据开关使 C、B、A 为 001 时,重复表 2-13-5 的操作,并使 $D_0\sim D_7$ 全为 1 时,测量这时的输入电压值为多少?

(4) 改变数据开关使 C、B、A 为 111 时,重复表 2-13-5 的操作,并使 $D_0\sim D_7$ 全为 1 时,测量这时的输入电压值为多少?

五、实验报告要求

1. 分析 D/A 转换的输出波形,简述其原理。
2. 把 V_i 作为横轴,D 作为纵轴,绘制 A/D 转换的 V_i-D 曲线。

六、思考题

在 A/D 转换中,利用公式 $D=256*V_i/V_{REF}$(ADC 可以实现模拟量的除法运算),求出对应于各个 V_i 的数值 D,列表与读得的数据进行比较。分析误差产生的原因。

第3部分

模拟电路实验课程设计

电子电路设计、安装与调试的基本知识

课程设计是电子技术课程教学的一个重要实践性环节，用一定的专门时间，让学生通过一、二个课题的理论设计、安装调试、分析总结等环节，提高学生在电子技术方面的实践技能和科学作风，培养学生初步掌握工程设计的方法和组织实践的基本技能，学会运用所学理论知识分析和解决实际问题，使之真正达到增长知识与发展能力的统一。

这里主要介绍电子电路的设计、安装、调试的基本知识；模拟电路和数字电路课程设计举例；模拟电路和数字电路设计课题。每个课题均介绍了设计的基本方法和参考电路，可供参加设计的学生参考。

电子电路的设计、安装与调试是综合运用电子技术课程知识的过程，必须从实际出发，通过调查研究、查阅有关资料、方案比较及确定，以及设计、计算并选取元器件等环节，设计出一个符合实际需要、性能和经济指标良好的电子电路。由于电子元器件参数的离散性，加之设计者缺乏经验，理论上设计出来的电路，可能存在这样那样的问题，这就要求通过实验、调试来发现和纠正设计中存在的问题，使设计方案逐步完善，以达到设计要求。

一、模拟电路的设计方法

模拟电路的设计，首先要根据电路的实际要求，拟定出切实可行的总体方案。在确定方案的过程中，应当反复研究设计要求、性能指标，然后根据确定的方案划分成若干个单元电路，并对各单元电路进行预设计，包括电路形式的确定、参数的计算、元器件的选用等。最后将设计好的各单元电路连接在一起，画出一个符合要求的完整电路图。

1. 总体方案的确定

所谓总体方案，就是根据实际问题的要求和性能指标，把要完成的任务分配给若干个单元电路，并画出一个能反映出各单元功能的整体原理框图。这种框图不必太详细，只要能把总体的原理反映清楚就行了，必要时可加简要的文字说明。

例如在模拟电路中经常采用的多级放大电路，一般可分为输入级、中间级和输出级三个部分，如图3-0-1所示。在确定总体方案时，要根据放大倍数、输入电阻、输出电阻、通频带和噪声系数等性能指标要求来确定电路结构。

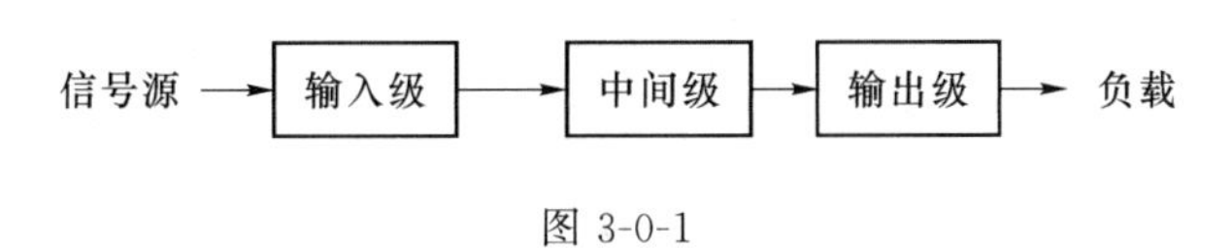

图 3-0-1

对输入级，首先应考虑其输入电阻必须与信号源内阻相适应，根据信号源的特点来确定电路的形式。同时由于输入级的噪声会对整个电路产生很大影响，因此要求其噪声系数小。对中间级，主要是提高电压放大倍数，当要求放大倍数较高，一级放大器难以达到时，可以由若干级组成，在确定总体方案时，就要根据总的放大倍数的要求来确定其级数。输出级主要是向负载提供足够的功率，因此要求其具有一定的动态范围和带负载能力，应根据负载情况来确定电路的形式。为了改善放大器的性能，使之达到实际要求，在总体方案确定时还应考虑电路中采用何种类型的负反馈。

由于符合要求的总体方案可能有多种，设计时要根据自己的实际经验，参阅有关资料，对各种方案的优缺点和可行性进行反复比较，最后选择出功能全、运行可靠、简单经济、技术先进的最佳设计方案。

2. 单元电路设计

一个复杂的电子电路，往往由若干单元电路组合而成。对单元电路进行设计，实际上是把复杂的任务简单化，这样便可利用学过的基本知识来完成较复杂的设计任务。只有各单元电路的设计合理，才能保证整体电路设计的质量。

在单元电路设计前，首先应根据本单元应完成的任务，拟定出各单元电路的性能指标，并选择电路的基本结构形式。一般情况下可在保证电路性能指标的前提下，采用典型电路或参考较成熟的常用电路，设计出所需要的电路。但设计者要敢于探索、勇于创新，使所设计的电路有所改进。

在每个单元电路的设计过程中，不仅要注意本单元电路的合理性，还应考虑各单元之间的相互影响，前后之间要互相配合，同时注意各部分输入信号和输出信号之间的关系。例如在设计由三端集成稳压器组成的稳压电源时，为了保证稳压电源的稳压性能，考虑到稳压器自身的压降和功耗，一般要求整流滤波后的输出电压(即稳压器的输入电压)，比稳压器的输出电压大3～15 V，不然稳压电源的性能将下降，甚至无法稳压。

3. 电路参数计算

在电路基本形式确定之后，便可根据性能指标要求，运用模拟电路的理论知识，对各单元电路的有关元器件参数进行分析计算。例如放大电路，应根据放大倍数或输出电压、输入电阻、输出电阻、通频带、失真度和稳定性等指标，计算电源电压、各电阻的阻值和功率、各电容器的容量及工作电压等参数。

在进行元件参数计算时，应在正确理解电路原理的基础上，正确运用计算公式，有的可以采用近似计算公式。对于计算的结果还要善于分析，并进行必要的处理，然后确定元器件的有关参数。一般来说，元器件的工作电流、工作电压、功耗和频率等参数，必须满足电路设计指标的要求。对元器件的极限参数应留有足够的裕量。对电阻、电容的参数，应取计算附近的标称值。

4. 元器件的选择

电子电路的设计过程，实际上就是选择最合适的元器件，用最合理的电路型式把它们组合起来，以实现要求的功能。实践证明，电子电路的各种故障，往往以元器件的故障、损坏的形式表现出来。究其原因，并非都是元器件本身缺陷所造成的，而是由于电路设计过程中对元器件的选用不当所致。因此，在进行电路总体方案设计和单元电路的参数计算时，都应考虑如何选择元器件的问题。

一般来说，选择元器件应考虑两个方面的问题：一是从具体问题和电路的总体方案出发，确定需要哪些元器件，每个元器件应具备哪些功能。在单元电路的参数计算时，应根据电路指标要求、工作环境等，确定所选元器件参数的额定值，并留有足够的裕量，使其在低于额定值的条件下工作；二是在保证满足电路设计指标要求的前提下，尽可能减少元器件的品种和规格，以提高它们的复用率。要在仔细分析比较同类元器件在品种、规格、型号和制造厂商之间的差异后，选用便于安装、货源充足、价格低廉、信誉好、产品质量高的制造厂生产的元器件。

下面介绍常用元器件选择中的一些具体问题：

(1) 集成电路的选择

由于集成电路可实现许多单元电路甚至某些电子系统的功能，因此，电子电路选用集成电路既方便又灵活，它不仅可以大大简化设计过程，而且减小了电路的体积，提高了电路工作的可靠性，安装和调试也极其方便。因此，在电子电路设计过程中应优先选用集成电路。常用的模拟集成电路有运算放大器、电压比较器、仪用放大器、视频放大器、功率放大器、模拟乘法器、函数发生器、稳压器等。由于集成电路的品种很多，在选用时首先应根据总体方案确定选用什么功能的集成电路，然后考虑所选集成电路的性能，最后根据价格、货源等因素选择某种型号的集成电路。

集成电路的封装一般有陶瓷（或塑料）扁平式、金属圆形（或菱形）和塑料双列直插式三种，双列直插式封装便于安装和调试，更换也比较方便，目前大都选用这种封装形式的集成电路。

(2) 半导体分立器件的选择

对于某些功能比较简单，只要用少量半导体分立器件就能解决问题的电子电路，一般可以选用半导体分立器件。另外，在某些信号频率高、工作电压高、电流大或要求噪声极低等特殊电路中，也常采用半导体分立器件。

半导体分立器件包括二极管、三极管、场效应管和其他一些特殊的半导体器件，选用时应根据电路设计中的具体用途和要求来确定选用哪一种器件。对于同一种半导体器件，型号不同时适用的场合也不同，选用时必须注意。例如，在选用二极管时，首先要看其用途，用于整流时应选用整流二极管，高压整流则应选用硅堆。用于高频检波时应选用高频二极管。在高速脉冲电路中则应选用开关二极管。在选用半导体器件时，应根据电路设计中的有关参数，查阅半导体器件手册，使其实际使用的管压降、工作电流、频率、功耗和环境温度等都不超过手册中的规定值，以保证半导体器件的性能和安全运行。

在选用晶体三极管时，首先要确定管子的类型，是 NPN 型还是 PNP 型，然后根据电路设计指标的要求选用所需型号的管子。例如，根据电路的工作频率确定选用高频管、中频管或低频管，根据输出功率确定选用大功率管、中功率管或小功率管。另外再考虑管子的电流放大系数 β、特征频率 f_T 等参数。

三极管的极限参数有集电极最大允许电流 I_{cm}、集电极-发射极反向击穿电压 $V_{BR(CEO)}$、集电极最大允许耗散功率 P_{cm} 等。这些参数反映了三极管在实际使用时应受到的限制。在选用三极管时，要查阅手册，掌握这些参数，使三极管使用时不超过这些参数，并且还应留有一定的裕量。

(3) 电阻器的选择

电阻器是电子电路中最常用的元件，其种类很多，性能各异。根据电阻器的结构形式分类，有固定电阻器、可调电阻器和电位器。在选用时首先应根据其在电路中的用途确定选用哪一种结构形式的电阻器。

电阻器的主要性能参数有：标称阻值及容许误差、额定功率（共分为十九个等级，常用的有：1/8W、1/4W、1/2W、1W、2W 等）和温度系数等。

在电子电路中，对电阻器阻值的要求，一般允许有一定的误差。因此，除精密电阻器或特殊需要的自制电阻外，通常都选用标称值的通用电阻器，其阻范围为1 Ω～20 MΩ，容许误差分别为±5%、±10%、±20%。

为了使电阻器在电路中安全运行，其额定功率应大于电阻器在电路中实际消耗功率的1倍以上。此外，电阻器的使用电压不应超过其容许的最高工作电压。

用不同材料制成的电阻器具有不同的性能和特点，在一般电子电路中，对电阻器的要求并不很高，可选用价格便宜、体积小的碳膜电阻器。在低噪声和耐热性、稳定性要求较高的电路中，可选用金属膜电阻器或线绕电阻器。在高频电路中，可选用自身电感量很小的合金箔电阻器。要求在高温下工作时，可选用金属氧化膜电阻器。

在选用电位器时，除了要考虑其性能和特点外，还应根据安装和机械结构的需要，考虑电位器的尺寸大小和旋转轴柄的长短、轴端的式样以及轴上是否需要紧锁装置等。

(4) 电容器的选择

电容器也是电子电路中常用的元件。其种类很多，按其结构分，有固定电容器、半可变电容器、可变电容器三种。电容器的主要性能参数有：标称容量及容许误差、额定工作电压、绝缘电阻、损耗等。表3-0-1列出了固定电容器的标称容量系列和容许误差，表3-0-1中所列数值再乘以10^n，构成实际电容的标称容量(其中，n为正数或负数，单位为pF)。

表 3-0-1

系列代号	E24	E12	E6
容许误差	±5%(Ⅰ级)	±10%(Ⅱ级)	±20%(Ⅲ级)
标称容量	10、11、12、13、15、16、18、20、22、24、27、30、33、36、39、43、47、51、56、62、68、75、82、91	10、12、15、18、22、27、33、39、47、56、68、82	10、15、22、33、47、68

在选用电容器时，首先要根据在电路中的作用及工作环境来确定其类型。例如，耦合、旁路、电源滤波及去耦电路中，由于对电容的精度要求不高，可选择价格低、误差大、稳定性较差的铝电解电容器。对于高频电路中的滤波、旁路电容器，可选用无电感的铁电陶瓷电容器或独石电容器。应用于高压环境下的电容器，可选用耐压性能较高、稳定性好、温度系数小的云母电容器、高压瓷介质电容器或高压穿心式电容器。

在需要同时兼顾高频和低频时，可以用一只容量大的铝电解电容器与另一只容量小的无感电容器并联使用。

在电源滤波电路中，用一只容量较大的铝电解电容器就可以起到滤波作用，但这种电容器的电感效应大，对高次谐波的滤波效果较差，为此通常再并联一只0.01～0.1 μF的高频滤波电容器(如高频瓷介电容器)，其滤波效果就更佳。

电容器的容量应根据电路的要求选用标称值。但要注意的是，不同类型的电容器其标称系列的分布规律是不同的，选用时可以先查阅有关资料。

电容器的容许误差等级一般有三种，如表3-0-1所示。大多数情况下，对电容器的精度要求不高，除振荡、定时、选频等电路外，一般对容许误差并无严格要求。

为了使电容器能在电路中长期可靠地工作，其实际工作电压不仅不能超过它的耐压值(或称电容器的直流工作电压)，而且还要留有足够的裕量，一般选用耐压值为其实际工作电压的两倍以上。在交流电路中，电容器所加交流电压的最大值，同样不可超过它的耐压值。

由于电容器两极板间的介质并非绝对的绝缘体，它们之间的电阻称为绝缘电阻，其值一般在1 000 MΩ以上。绝缘电阻小,不仅会引起能量的损耗,影响电路的正常工作,而且还会影响电容器的使用寿命。所以,选用电容器时绝缘电阻越大越好。

5. 电路图的画法

各单元电路设计完毕之后,应画出总电路图,以便为电路的组装、调试和维修提供依据。电路图在绘制过程中应注意以下几点:

(1) 电路图的总体安排要合理,图面必须保持紧凑而清晰,元器件和连线的排列必须均匀,连线画成水平线或竖线,在折弯处要画成直角,而不要画成斜线或曲线。两条连线相交时,如果两线在电气上是相通的,则在两线的交点处要打上黑点。

(2) 电路图上所有元器件的图形符号应统一用国家规定的标准符号。各种图形符号在同一张图上的大小比例要合适,同一种图形符号的大小应尽量一致。元器件图形符号的排列方向应与图纸的底边平行或垂直,尽量避免斜线排列。

(3) 图中的每个元器件应写明其文字符号和主要参数,中大规模集成电路在电路图中一般只用方框表示,但方框中应标出其型号,方框边线的两侧标出管脚编号及其功能名称。

(4) 电路图中的信号流向,一般从输入端或信号源画起,由左到右、自下而上,按信号的流向依次画出各单元电路,而且要尽量画在同一张图上。如果电路比较复杂,画成一张图比较困难时,也可分开画成几张图,但应把主电路图画在同一张图纸上,而把一些相对独立或次要的部分画在另外的图纸上,并要用适当的方式说明各图纸在电路连线之间的关系。例如在图纸的断口处做上标记,标明连线代号,并标出信号从一张图纸到另一张图纸的引出点和引入点。

(5) 电路图画好后要仔细检查有无错误,特别是二极管的方向、有极性电容器的极性和电源的极性等容易发生错误的地方要认真检查。

二、数字系统的设计方法

数字系统是运用数字电子技术实现某种信息处理的电路。从结构上看,它通常由若干个基本数字部件或功能部件组成。数字系统的设计方法有多种,这里主要介绍试凑法设计小型数字系统。它是根据给定的技术要求(或功能),采用试探的方法,选择若干个功能部件来拼凑一个小型数字系统。

1. 小型数字系统的组成

图3-0-2是一个典型的控制或测量装置的原理框图,它由下列四个部分组成:

(1) 输入电路

输入电路的主要功能是将被测或被控制系统的输入信号进行必要的变换或处理,以适应数据处理电路的要求。如各种传感器、A/D转换器、输入接口电路、波形变换电路等。

(2) 数据处理电路

数据处理电路的主要功能是在控制信号作用下,把接收到的信号按一定模式进行逻辑判断和数字运算,并及时把结果送至输出电路,同时把有关信号返回控制电路。如各种逻辑运算电路和各类存储记忆电路等。

(3) 控制电路

控制电路是整个数字系统的神经中枢,其主要作用是提供系统所需的各种控制信号,统一指挥各部分协调动作。如时钟振荡器和各种控制门电路等。

(4) 输出电路

输出电路的主要作用是将数据处理电路的结果再进行必要的变换和处理,使之符合待测和被控制系统的要求。如D/A转换器、输出接口电路、驱动电路和执行机构等。

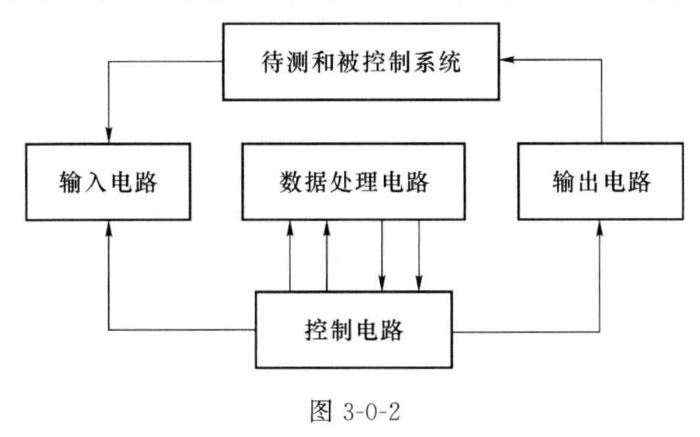

图3-0-2

2. 数字系统的设计步骤

数字系统的设计,大体可分为以下几个步骤:

(1) 分析设计任务书,确定总体方案

作为数字系统的设计任务书,一般都比较简明扼要,有时只有功能要求和主要的技术指标。因此,在进行系统设计前必须仔细分析设计任务书,以便充分理解所设计系统的逻辑要求。在此基础上可以用几个方框图来表示系统的总体组成,并以简要的文字说明系统总体概貌,主要部分的逻辑操作要求及任务。

(2) 子系统设计

在明确逻辑要求和确定系统的总体方案后,可以将整个系统划分成若干个较简单的子系统,从而使一个复杂的逻辑系统设计变为较简单的子系统设计。在进行子系统设计时,要明确各子系统的作用和任务,一般可以按照组合逻辑电路和时序逻辑电路设计的方法进行子系统的设计。需要指出的是,在选用数字集成电路设计数字系统时,由于器件的类型和性能不同,对于同一子系统所需器件的数量可能不同,电路的形式也可能有多种,这就要在设计时进行反复比较,选择最合理的方案。有时可以直接选用功能适用的中、大规模集成逻辑部件组成某个子系统。

(3) 连接各子系统完成总体设计

子系统设计完毕之后,要把各子系统连接成一个完整的数字系统,以保证各部分输入、输出的逻辑功能得以实现及时序上的协调一致。为使整个系统能够稳定可靠地工作,在连接子系统时,还应考虑避免相互之间的干扰,如果出现这种情况,应采用相关的措施处理。

(4) 画出总体框图和逻辑电路图

为了全面反映整个数字系统的工作原理,并为电路的安装、调试提供方便,在电路设计完成之后,应画出系统的总体框图和逻辑电路图。总体框图是用几个方框来简要说明数字系统的工作情况。它主要包括各子系统、数据通路、输入电路、输出电路、控制电路以及主要控制信号的波形。

逻辑电路图用以表示构成数字系统的详细逻辑关系。它包括每个子系统内的具体逻辑电路及各子系统之间的相互连接情况。电路图应当工整清晰,所有元器件和连线都应符合绘图原则。

3. 数字集成器件的选择

下面主要介绍应用广泛的TTL和CMOS集成器件的选用原则。

(1) TTL集成器件的选用

TTL集成电路具有工作速度快、负载能力强、功能齐全和制作规范等特点，是目前应用最广的数字集成电路。我国TTL集成电路产品有T1000、T2000、T3000、T4000四个系列，它们分别相当于国外的54/74通用系列、54/74H高速系列、54/74S肖特基系列和54/74LS低功耗肖特基系列。由于T4000(54/74LS)系列的功耗低，而且具有便于与CMOS电路连接、工作可靠、电源电流瞬变小等优点，是一种比较理想的TTL集成器件，故应优先选用。

在选用TTL集成器件时，应根据电路的功能确定TTL集成器件的类型，并尽可能选用通用性强、价格低廉的器件。

为了保证集成器件安全可靠地工作，在选用TTL器件时，应使其在规定的条件下工作。如54/74LS系列集成器件的电源电压在4.5～5.25 V之间，高电平输入范围为3.6～5.5 V，低电平输入范围为－1.5～0.8 V。

对于输出端需要并联的TTL电路，只能选用集电极开路和三态输出结构的电路。

(2) CMOS集成器件的选用

CMOS集成器件具有静态功耗低、电源电压适应范围宽(3～18 V)、输入阻抗高(大于100 MΩ)、扇出能力强、抗干扰能力强等优点。因此，CMOS集成器件已逐步成为主要的数字和模拟集成器件之一，尤其在数字系统设计中，可作为优选的器件。

国产CMOS集成器件有CC4000(CC14000)和CC74HC××两类。CC4000、CC14000系列分别与国外CD4000、MC14000系列相对应。CL74HC××在国外常用74HC××表示，不同厂家在74前冠以不同符号。

CMOS集成器件虽然能在很宽的电源电压范围内工作，但应严格控制在规定的上、下限电压之间，而且要保证$V_{DD}>V_{SS}$。对于输入信号电压必须满足$V_{SS}\leqslant V_I\leqslant V_{DD}$)。$V_I$的典型值为$V_{DD}$或$V_{SS}$。对于多余的输入端不能悬空，应根据逻辑功能的要求接V_{DD}或V_{SS}。CMOS电路的输出端不能接V_{DD}或V_{SS}，当需要增加输出的驱动能力时，同一器件上的几个电路可以并联使用。

三、电子电路的安装

电子电路设计完成之后，都需要安装成实验电路，以便对理论设计做出检验，如不能达到要求，还需对原设计方案进行修改，使之达到设计要求和更加完善。尤其对初学者来说，由于没有经验，更需要经过多次实验和修改，才能使设计方案符合实际需要。实践证明，一个理论设计十分合理的电子电路，由于电路安装不当，也会严重影响电路的性能，甚至使电路根本无法正常工作。因此，电子电路的结构布局、元器件的安排布置、线路的走向以及连接点的可靠性等实际安装技术，是完成电子电路设计的重要环节。作为实验和课程设计，一般采用在电路板上焊接或在面包板上插接的方法安装电子电路。下面介绍电子电路安装技术的一些基本知识。

1. 整体结构布局和元器件的安置

在电子电路安装过程中，整体结构布局和元器件的安置，首先应考虑电气性能上的合理性，其次要尽可能注意整齐美观，具体应注意以下几点：

（1）整体结构布局要合理，要根据电路板或面包板的面积，合理布置元器件的密度。当电路较复杂时，可由几块电路板组成，相互之间再用连线或电路板插座连成整体。要充分利用每块电路板的使用面积，并尽量减少相互间的连线。为此，最好按电路功能的不同分配电路板。

（2）元器件的安置要便于调试、测量和更换。电路图中相邻的元器件，在安装时原则上也应就近安置。不同级的元器件不要混置在一起，输入级和输出级之间不能靠近，以免引起级与级之间的寄生耦合，使干扰和噪声增大，甚至产生寄生振荡。

（3）对于有磁场产生相互影响和干扰的元器件，应尽可能分开或采取自身屏蔽。如有输入变压器和输出变压器时，应将二者相互垂直安置。

（4）发热元器件（如大功率管）的安置要尽可能靠电路板的边缘，以利于散热，必要时需加装散热器。为保证电路稳定工作，晶体管、热敏器件等对温度敏感的元器件要尽量远离发热元器件。

（5）元器件的标志（如型号和参数）安装时一律向外，以便检查。元器件在电路板上的安置方向原则上应横平竖直。插接集成电路时首先要认清管脚排列的方向，所有集成电路的插入方向应保持一致，集成电路上有缺口或小孔标记的一端一般在左侧。

（6）元器件的安置还应注意重心平衡和稳定，对较重的元器件安装时，高度要尽量降低，使重心贴近电路板。对于各种可调的元器件应安置在便于调整的位置。

2. 正确布线

电子电路合理布线，不仅影响其外观，而且是影响电子电路性能的重要因素之一。电路中（特别是较高频率的电路）常见的自激振荡，往往就是由于布线不合理所致。因此，为了保证电路工作的稳定性和可靠性，电路在安装时的布线应注意以下几点：

（1）所有布线应直线排列，并做到横平竖直，以减小分布参数对电路的影响。走线要尽可能短，信号线不可迂回，尽量减少形成闭合回路。信号线之间、信号线与电源线之间不要平行，以防止寄生耦合而引起电路自激。

（2）布线应贴近电路板，不应悬空，更不要跨接在元器件上面，走线之间应避免相互重叠，电源线不要紧靠有源器件的引脚，以免测量时不小心造成短路。

（3）为使布线整洁美观，并便于测量和检查，要尽可能选用不同颜色的导线。电源线的正、负极和地线的颜色应有规律，通常用红色线接电源正极，黑色或蓝色线接负极，地线一般用黑色线。

（4）布线时一般先布置电源线和地线，再布置信号线。布线时要根据电路原理图或装配图，从输入级到输出级逐级布线，切忌东接一根西接一根没有规律，这样容易形成错线和漏线。

（5）地线（公共端）是所有信号共同使用的通路，一般地线较长，为了减小信号通过公共阻抗的耦合，故地线要求选用较粗的导线。对于高频信号，输出级与输入级不允许共用一条地线，在多级放大电路中，各放大级的接地元件应尽量采用一点接地的方式。各种高频和低频去耦电容器的接地端应尽量远离输入级的接地点。

3. 电路板的焊接

电子电路性能的好坏，不但与电路的设计、元器件的质量、电路的布线有密切关系，而且还与电路的装接质量有关。

在电路板上焊接电子元器件，是装接电子电路常用的方法。焊接质量的好坏，一方面取决于焊接工具和焊料，另一方面取决于焊接技术。

(1) 焊接工具与材料

① 电烙铁

电烙铁是焊接电路的主要工具。它是利用电阻丝把电能转换成热能,用以加热焊件、熔化焊锡,把元器件和导线牢固地连接在一起。

电烙铁可分为外热式和内热式两种:外热式的电烙铁其烙铁头安装在导热的烙铁芯里面,并用螺丝固定,调节其深度可控制烙铁头的温度;内热式的芯子安装在烙铁头里面,由于其发热体在烙铁头的内部,所以发热快,热效率高。

使用电烙铁时,首先要根据焊接对象的不同,选用合适功率的电烙铁,焊接一般电子元器件和集成电路,选用 20 W 电烙铁即可。在使用电烙铁时电烙铁的外壳要有良好的接地,以免触电和损坏半导体器件。

一般情况下,对烙铁头的形状要求并不严格,可以根据需要确定,但在焊接精细易损元器件时最好选用锥形。新的烙铁头在使用前要用锉刀将表面的氧化层锉干净,然后通电加热,待烙铁头加热至颜色发紫时,再用含松香的焊锡丝摩擦烙铁头,使烙铁头挂上一层薄锡,这样可以防止烙铁头长时间加热,因氧化而被"烧死",不再"吃锡"。

电烙铁长时间加热不用时,其表面会被氧化变黑而"烧死",这样会影响使用效果和焊接质量。因此,较长时间不用的电烙铁可将电源电压调低一些,或者暂时断开电源,待使用时再重新通电加热。

② 焊锡

电子元器件在焊接时,使用的焊料一般为锡铅合金,俗称焊锡。它具有熔点低、流动性好、对元件和导线的附着力强、机械强度高、抗腐蚀性能好和焊点光亮美观等特点。焊锡有焊锡条和焊锡丝等。焊锡丝又有两种:一种是将焊锡做成管状,并在管内填入松香,称为松香焊锡丝,使用这种焊锡丝时不需另加助焊剂;另一种是无松香的焊锡丝,使用时应加助焊剂。

③ 助焊剂

助焊剂俗称焊剂,其作用是传递热量,去除氧化物,增加焊锡的流动性,使焊点光亮美观。

助焊剂的种类很多,通常使用的松香或松香酒精溶液助焊剂是中性焊剂,它不会腐蚀元器件和影响电路板的绝缘性能;另一种焊剂是焊油和焊锡膏,它们是酸性焊剂,在焊点有氧化物时,可用它除去锈污,保证焊点可靠。但由于它对金属有腐蚀作用,电子电路焊接中一般不用,特殊情况需要使用时,应在焊接后立即用酒精将焊点附近清洗干净。

(2) 焊接工艺

焊接工艺将直接影响焊接质量,从而影响电子电路的整体性能。对于初学者来说,首先要求焊接牢固,一定不能有虚焊,因为虚焊将会给电路造成严重的隐患,给调试和检修工作带来极大的麻烦。其次作为一个高质量的焊点应是光亮、圆滑、焊点大小适中。下面介绍锡焊操作中的一些基本要领。

① 净化焊件表面

由于焊锡不能润湿金属氧化物,因此,电子元器件和导线在焊接前都必须将表面刮净(镀金和镀银等焊件不必刮),使金属呈现光泽,并及时搪锡。净化后的焊件不可用手触摸,以免焊件重新被氧化。

② 控制焊接时间和温度

由于不同的焊件有不同的热容量和导热率,因此,可焊性也不同。在焊接时应根据不同的焊接对象，控制焊接的时间，从而控制焊点的温度。焊接时间太短，温度不够，焊锡粘不上或呈"豆腐渣"状，这样极易形成虚焊。反之，焊接时间过长，温度过高，不仅使焊剂失效，焊点不易存锡，而且会造成焊锡流淌，引起电路短路，甚至烫坏元器件。

③ 掌握焊锡用量

焊锡太少，焊点不牢。焊锡用量过多，将在焊点上形成焊锡的过多堆积，这不仅有损美观，也容易形成假焊或造成电路短路。因此，在焊接时烙铁头上的沾锡量要根据焊点大小来决定，一般以能包住被焊物体并形成一个圆滑的焊点为宜。

④ 掌握正确的焊接方法

焊接时，待电烙铁加热后，在烙铁头的刃口沾上适量的焊锡，放在被焊物件的位置，并保持一定的角度，当形成焊点后电烙铁要迅速离开。焊接时必须扶稳焊件，在焊锡未凝固前不得晃动焊件，以免造成虚焊。当焊接怕热元器件时，可用镊子夹住其引线帮助散热。焊接完毕之后应认真检查焊点，以确保焊接质量。

四、电子电路的调试及故障分析处理

1. 电子电路的调试

电子电路的调试是电子电路设计中的重要内容，它包括电子电路的测试和调整两个方面。测试是对已经安装完成的电路进行参数及工作状态的测量，调整是在测量的基础上对电路元器件的参数进行必要的修正，使电路的各项性能指标达到设计要求。电子电路的调试通常有两种方法。

第一种称为分块调试法，这是采用边安装边调试的方法。由于电子电路一般都由若干个单元电路组成，因此，把一个复杂的电路按原理图上的功能分成若干个单元电路，分别进行安装和调试。在完成各单元电路调试的基础上，逐步扩大安装和调试的范围，最后完成整机的调试。采用这种方法既便于调试，又能及时发现和解决存在的问题。对于新设计的电路这是一种常用的方法。

第二种称为统一调试法，这是在整个电路安装完成之后，进行一次性统一调试。这种方法一般适用于简单电路或已定型的产品。

上述两种方法的调试步骤基本是一样，具体介绍如下：

(1) 通电前的检查

电路安装好后，必须在没有接通电源的情况下，对电路进行认真细致的检查，以便发现并纠正电路在安装过程中的疏漏和错误，避免在电路通电后发生不必要的故障，甚至损坏元器件。检查的主要内容如下：

① 检查元器件

检查电路中每个元器件的型号和参数是否符合设计要求，这时可对照原理图或装配图逐一进行检查。在检查时还要注意各元器件引脚之间有无短路，连接处的接触是否良好。特别要注意集成片的方向和引脚、三极管管脚、二极管的方向和电解电容器的极性等是否接对。

② 检查连线

电路连线的错误是造成电路故障的主要原因之一。因此，在通电前必须检查所有连线是否正确，包括错线、多线和少线等。查线过程中还要注意各连线的接触点是否良好，在有焊点的地方应检查焊点是否牢固。

③ 检查电源进线

在检查电源的进线时，先查看一下电源线的正、负极性是否接对。然后用万用表的“Ω×1”挡测量电源线进线之间的电阻有无短路现象，再用万用表的“Ω×10 k”挡检查两进线之间有无开路现象。如电源进线之间有短路或开路现象时，不能接通电源，必须在排除故障后才能通电。

(2) 通电检查

在上述检查无误后，根据设计要求，将电压相符的电源接入电路。电源接通后不应急于测量数据或观察结果，而应首先观察电路中有无异常现象。如有无冒烟，是否闻到异常气味，也可用手摸元器件有无异常的发热现象，电源是否有短路现象等。如果出现这些异常现象，则应立即关断电源，重新检查电路并找出原因，待故障排除后方可重新接通电源。

(3) 静态调试

这是在电路接通电源而没有接入外加信号的情况下，对电路直流工作状态进行的测量和调试。如在模拟电路中，对各级晶体管的静态工作点进行测量，三极管 V_{BE} 和 V_{CE} 值是否正常，如果 $V_{BE}=0$ 说明管子截止或已损坏。$V_{CE}=0$ 说明管子饱和或已损坏。对于集成运算放大器则应测量各有关管脚的直流电位是否符合设计要求。

对于数字电路，就是在输入端加固定电平时，测量电路中各点电位值与设计值相比较有无超出允许范围，各部分的逻辑关系是否正确。

通过静态调试可以判断电路的工作状态是否正常。如果工作状态不符合设计要求，则应及时调整电路的参数，直至各测量值符合要求为止。如果发现已损坏的元器件，应及时更换，并分析原因进行处理。

(4) 动态调试

电路经过静态调试并已达到设计要求后，便可在输入端接入信号进行动态调试。对于模拟电路一般应按照信号的流向，从输入级开始逐级向后进行调试。当输入端加入适当频率和幅度的信号后，各级的输出端都应有相应的信号输出。这时应测出各有关点输出(或输入)信号的波形形状、幅度、频率和相位关系，并根据测量结果，估算电路的性能指标，凡达不到设计要求的，应对电路有关参数进行调整，使之达到要求。若调试过程中发现电路工作不正常，则应立即切断电源和输入信号，找出原因并排除故障后再进行动态调试。经初步动态调试后，如电路性能已基本达到设计指标要求，便可进行电路性能指标的全面测量。

对于数字电路的动态调试，一般应先调整好振荡电路，以便为整个数字系统提供标准的时钟信号。然后再分别调整控制电路、信号处理电路、输入输出电路及各种执行机构。在调试过程中要注意各部分电路的逻辑关系和时序关系，应对照设计时的时序图，检查各点波形是否正常。

必需指出，掌握正确的调试方法，不仅可以提高电路的调试效果，缩短调试的过程，而且还可以保证电路的各项性能指标达到设计要求。为此，在调试时应注意以下几点：

① 在调试电路过程中要有严谨的科学作风和实事求是的态度，不能凭主观感觉和印象，而应始终借助仪器进行仔细测量和观察，做到边测量、边记录、边分析、边解决问题。

② 在进行电路调试前，应在设计的电原理图上或装配图上标明主要测试点的电位值及相应的波形图，以便在调试时做到心中有数，有的放矢。

③ 调试前先要熟悉有关测试仪器的使用方法和注意事项，检查仪器的性能是否良好。有的仪器在使用前需进行必要的校正，避免在测量过程中由于仪器使用不当，或仪器的性能达不到要求而造成测量结果的误差，甚至得出错误的结果。

④ 测量仪器的地线(公共端)应和被测电路的地线连接在一起,使之形成一个公共的电位参考点,这样测量的结果才是正确的。测量交流信号的测试线应使用屏蔽线,并将屏蔽线的屏蔽层接到被测电路的地线上,这样可以避免干扰,以保证测量的准确。在信号频率比较高时,还应采用带探头的测试线,以减小分布电容的影响。

⑤ 在电路调试过程中,要保持良好的心理状态,出现故障或异常现象时不要手忙脚乱,草率从事。而要切断电源,认真查找原因,弄清是原理上的问题还是安装中的问题。切不可一遇问题就拆掉线路重新安装。

2. 电子电路的故障分析与处理

电子电路调试过程中常常会遇到各种各样的故障,学会分析和处理这些故障,可以提高我们分析问题和解决问题的能力。

(1) 故障产生的原因

对于新设计安装的电路来说,调试中产生故障的原因主要有:

① 实际安装接线的电路与设计的原理电路不符。这主要表现为电路接线时的错误、元器件使用错误或引脚接错等,致使电路工作不正常。

② 元器件、实验电路板或面包板损坏。电子电路通常由很多元器件(包括集成芯片)安装在实验电路板或印制板上,这些元器件只要有一个损坏或印刷板中的连线有一处断裂,都将造成电路故障而无法正常工作。对于面包板,如内部存在短路、开路等现象,也将造成电路故障。

③ 安装和布线不当。如安装时出现断线或线路走向不合理,集成电路方向插反或闲置端未作正确处理等,都将造成电路的故障。

④ 工作环境不当。电子电路在高温或严寒环境下工作,特别是在强干扰源环境中工作时将会受到不可忽视的影响,严重时电路将无法正常工作。

⑤ 测试操作错误。如测试仪器的连接方法不当,测试点位置接错,测试线断线或接触不良等。此外,测试仪器本身故障或使用方法不当等都会造成电路调试过程中的故障。

(2) 故障的诊断方法

电子电路调试过程中出现各种故障是难免的,在查找故障时,首先要有耐心和要细心,切忌马虎。同时要开动脑筋,进行认真分析和判断,下面介绍几种常用的诊断电子电路故障的方法。

① 直观检查法

直观检查法是在电路不通电的情况下,通过目测,对照电路原理图和装配图,检查每个元器件和集成电路的型号是否正确,极性有无接反,管脚有无损坏,连线有无接错(包括漏线、错线、短路和接触不良等)。

② 信号寻迹法

对于自己设计安装或非常熟悉的电路,由于对电路各部分的工作原理、工作波形、性能、指标等都比较了解,因此可以按照信号的流向逐级寻找故障。一般在电路的输入端加适当信号,然后用示波器或电压表逐级检查信号在电路内部的传输情况。从而观察并判断其功能是否正常,找出故障点。如有问题应及时处理。

信号寻迹法也可以从输出级向输入级倒退进行,即先从最后一级的输入端加合适信号,观察输出端是否正常,然后将信号加到前一级的输入端,继续进行检查,直至各电路都正常为止。

③ 分割测试法

对于一些有反馈回路的故障判断是比较困难的,如振荡器、带有各种类型反馈的放大器等，因为它们各级的工作情况互相有牵连，查找故障时需把反馈环路断开，接入一个合适的信号，使电路成为开环系统，然后再逐级查找发生故障的部分。

④ 对半分割法

当电路由若干串联模块组成时，可将其分割成两个相等的部分（对半分割），通过测试先判断这两部分中究竟哪一部分有故障，然后把有故障的部分再分成两半来进行检查，直到找出故障位置。显然，采用对半分割法可减少调试的工作量。

⑤ 替代法

把经过调试且工作正常的单元电路，代替相同的但存在故障或有疑问的相应电路，以便很快判断故障的部位。有些元器件的故障往往不很明显，如电容器的漏电，电阻的变质、晶体管和集成电路的性能下降等，可以用相同规格的优质元器件逐一替代，可以很快地确定有故障的元器件。

应当指出，为了迅速查找电路的故障，可以根据具体情况灵活运用上述一种或几种方法，切不可盲目检测，否则不但不能找出故障，反而可能引出新的故障。

综上所述，电子电路的设计、安装与调试是提高读者在电子技术方面的实践技能的重要环节，通过各个方面的培养，使读者掌握工程设计的基本方法和组织实践的基本技能，最终能够运用所学理论知识分析和解决工程问题。

课题 1　OTL 功率放大器的设计

音频功率放大器是音响系统中不可缺少的重要部分，其主要任务是将音频信号放大到足以推动外接负载，如扬声器、音响等。功率放大器的主要要求是获得不失真或较小失真的输出功率，讨论的主要指标是输出功率、电源提供的功率。本课题主要设计一个 OTL 功率放大器，来满足设计要求。OTL 功率放大器，它具有非线性失真小，频率响应宽，电路性能指标较高等优点，也是目前 OTL 电路在各种高保真放大器应用电路中较为广泛采用的电路之一。

一、实验目的

1. 了解功率放大器的工作原理及主要性能指标的意义，学会主要性能指标的测试。
2. 掌握低 OTL 分立元件功率放大电路的设计方法。
3. 通过 OTL 功放电路的制作，熟悉 OTL 功放的工作原理，掌握电子产品的制作和调试方法。

二、设计任务与要求

1. 任务

本课题主要设计一个 OTL 功率放大器把微弱的音频信号进行功率放大直到足以推动外接负载，如扬声器、音响等。

设计一个 OTL 功率放大器，要求如下：

(1) 最大不失真输出功率 $P_{om}>5$ W($R_L=8$)。

(2) 输入为标准音频线路输入 $R_o=600\ \Omega$，1 mW(0.500 V)。

(3) 放大器的效率 $\eta\geqslant 50\%$。

(4) 放大器的频响特性：1 Hz～100 kHz。

2. 要求

(1) 选取单元电路和元件。

(2) 根据设计要求和条件，确定功率放大电路的方案。

(3) 根据功率放大电路的设计方案，计算和选取单元电路的元件参数。

(4) 根据所给条件设计电路，并用仿真软件对电路进行仿真。

(5) 功率放大电路的组装与调试：测量功率放大电路的最大不失真输出功率 P_{om}、电源供给功率 P_V、输出效率 η、电压增益 A_V、直流输出电压、静态电源电流等技术指标。

(6) 整体电路的调试与试听。

三、设计原理与参考电路

单电源 OTL 互补对称的功率放大器电路图，它通常工作在甲乙类或接近乙类，图 3-1-1 中晶体管 VT_1 为驱动管 VT_2 和 VT_3 组成互补对称放大电路。二极管为了克服交越失真而设置的。R_{b1} 为上偏置电阻，通过调试它可以达到所需要的工作点。由于管子工作在乙类状态，静态时因电路对称，两管发射极 e 点电位为电源电压的一半。当输入信号变化时，晶体管 VT_2

和 VT_3 轮流导通和截至，它们分别以发射极输出的方式向负载提供电流，这样在负载上就得到了正、负半周的输出电压。电路如图 3-1-1 所示。

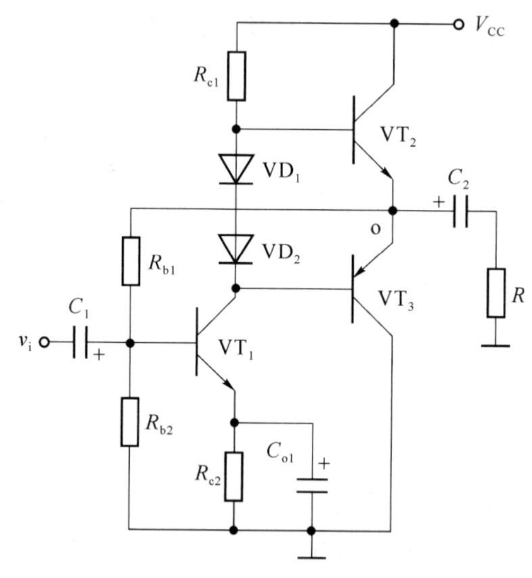

图 3-1-1

设三极管 VT_2、VT_3 特性曲线对称，则 $I_{cm2}=I_{cm3}=I_{cm}$，$v_{cem1}=|v_{cem2}|=v_{cem}$，则集电极最大输出电压为

$$v_{cem}=\frac{V_{CC}}{2}-v_{ces}$$

集电极最大输出电流为

$$I_{cm}=\frac{V_{CC}/2-v_{ces}}{R_L}$$

最大输出功率为

$$P_{om}=\frac{v_{cem}}{\sqrt{2}}\cdot\frac{I_{cm}}{\sqrt{2}}=\frac{1}{2}\cdot v_{cem}\cdot I_{cm}=\frac{1}{2}\cdot\frac{(V_{CC}/2-v_{ces})^2}{R_L}$$

忽略 v_{ces} 则

$$P_{om}\approx\frac{1}{2}\cdot\frac{(V_{CC}/2)^2}{R_L}=\frac{1}{8}\cdot\frac{V_{CC}^2}{R_L}$$

直流电源 V_{CC} 提供的功率为

$$P_V=\frac{V_{CC}}{2}\cdot\frac{1}{\pi}\int_0^{\pi}I_{cm}\sin\omega t\,\mathrm{d}(\omega t)=\frac{V_{CC}}{2\pi}\int_0^{\pi}\frac{V_{CC}/2}{R_L}\sin\omega t\,\mathrm{d}(\omega t)=\frac{V_{CC}^2}{2\pi R_L}$$

效率为

$$\eta=\frac{P_{om}}{P_V}\approx\frac{1}{8}\cdot\frac{\dfrac{V_{CC}^2}{R_L}}{\dfrac{V_{CC}^2}{2\pi R_L}}=\frac{\pi}{4}=78.5\%$$

四、功率放大电路的设计参考

1. 计算电路参数

(1) 根据公式求互补管的最大集电极电流 I_{Cm}

$$I_{Cm}=\frac{V_{CC}}{R_L}$$

(2) 根据公式求互补管 VT_2 和 VT_3 的基极电流 I_{B2}、I_{B3}(若互补管 VT_2 和 VT_3 的电流放大倍数都是 β)

$$I_{B2}=I_{B3}=\frac{I_{Cm}}{\beta}$$

(3) 设定驱动管 VT_1 的集电极电流 I_{C1}(一般取 1～3 mA),取集电极电阻上的电压 $V_{R_{c1}}$ 与管压降 V_{CE1} 相等,发射极电阻取 50～100 Ω,根据如下公式计算出 R_c:

$$R_c=\frac{V_{R_{c1}}}{I_{C1}+I_{B2}}$$

(4) VT_1 偏置电阻的计算

其偏置为分压式偏置,电源电压$\frac{V_{CC}}{2}$,基极电压 $V_{B1}=V_{E1}+0.7$ V,其偏置电流一般取 1～2 mA,求出偏置电阻 R_{b1} 和 R_{b2},选一个阻值大于 R_{b1} 的可变电阻代替 R_{b1}。

2. 器件选择

(1) OTL 功率放大电路采用单电源供电,电压是+12 V。

(2) 三极管为 3DG6×1(9100×1)、3DG12×1(9031×1)、3CG12×1(9012×1)。

(3) 电阻 $R_{W1}=10$ kΩ,$R_{W2}=2$ kΩ,$R_1=2.4$ kΩ, $R_2=3.3$ kΩ,$R_3=500$ Ω,$R_4=300$ Ω,$R_5=100$ Ω,$R_L=8$ Ω。

(4) 二极管为 IN4001。

(5) 电容 $C_1=10$ μF,电容 $C_2=100$ μF,电容 $C_3=100$ μF,电容 $C_4=1\,000$ μF。

3. 电路设计

具体电路设计如图 3-1-2 所示。

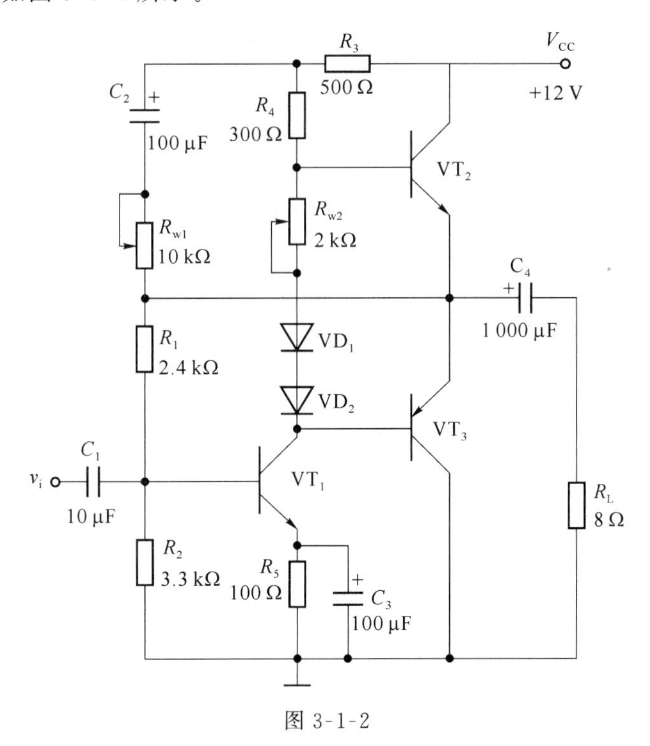

图 3-1-2

五、电路的调试和数据测试

1. 测量最大输出功率 P_{om}

输入 $f=1\ \text{kHz}$,$V_i=10\ \text{mV}$ 的正弦信号,并逐步加大输入电压幅值直至输出电压的 v_o 波形出现临界削波时,测量此时 R_L 两端输出电压的最大值 V_{om}或有效值 V_o,则

$$P_{om}=\frac{V_{om}^2}{2R_L}=\frac{V_o^2}{R_L}$$

2. 测量电源共给的平均功率 P_V

近似认为电源供给整个电路的功率为 P_V(前级消耗功率不大),所以在测试 V_{om} 的同时,只要在供电回路串入直流电流表测出直流电源的平均电流 I_C,即可求出 P_V:

$$P_V=V_{CC}\cdot I_C$$

3. 计算效率 η

$$\eta=\frac{P_{om}}{P_V}$$

4. 计算电压增益 A_{V3}

$$A_{V3}=\frac{V_o}{V_{i3}}$$

5. 观察交越失真

调节 R_W 用示波器观察放大器的交越失真,并画出其波形。

6. 观察自举电容 C_2 对电路的影响

观察自举电容 C_2 对电路的影响,并用示波器观察输出波形幅度的变化。

六、设计报告的要求

原理电路的设计,内容包括:

1. 设计方案,分别画出设计原理图,说明其原理,分析优缺点及确定最后的设计方案。
2. 主要参数的计算与元器件选择。
3. 整理各项实验数据。
4. 将实验测量值分别与理论计算值进行比较,分析误差原因。
5. 整体测试结果,分析是否满足设计要求。
6. 在整个调试过程中所遇到的问题以及解决的方法。
7. 收获体会。

七、预习要求与思考题

1. 为什么接入自举电路能够扩大输出电压的动态范围?
2. 交越失真产生的原因是什么?怎样克服交越失真?
3. 为了不损坏三级管,调试中应注意什么问题?
4. 如电路有自激现象,应如何消除?

课题2 *RC*桥式正弦波振荡器的设计

一、实验目的

1. 了解*RC*桥式正弦波振荡器的工作原理。
2. 学习*RC*桥式正弦波振荡器的设计。
3. 掌握*RC*桥式正弦波振荡器的调试方法。

二、设计任务和要求

1. 设计任务

(1) 设计一个*RC*桥式正弦波振荡器。
(2) 输出频率范围(100 Hz～10 kHz)。
(3) 输出电压$V_{o\,max}=5$ V,并要求连续可调。

2. 设计要求

(1) 完成电路的理论设计,安装调试,绘制电路图。
(2) 合理选择运算放大器和电阻及电容。
(3) 调试设计电路,撰写设计报告。

三、RC桥式正弦波振荡器的工作原理

图3-2-1是*RC*桥式正弦波振荡器的原理电路。

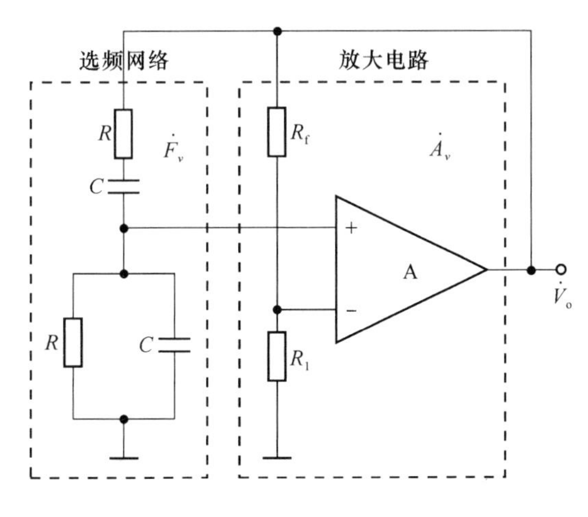

图3-2-1

*RC*桥式振荡器又称文氏电桥振荡器,是采用*RC*串并联选频网络的一种正弦波振荡器。它具有较好的正弦波形且频率调节范围宽,广泛应用于产生1 MHz以下的正弦波信号,且振幅和频率较稳定。

这个电路有两部分组成，即放大电路 A_V 和选频网络 F_V，A_V 为由集成运放所组成的电压串联负反馈电路，而 F_V 则由 Z_1、Z_2 组成，同时兼做正反馈网络。由于放大器采用集成运放并引入电压串联负反馈，其输入、输出阻抗对正反馈网络的影响可以忽略。

1. RC 串并联选频网络的选频特性

图 3-2-1 中用虚线框所表示的 RC 串并联选频网络具有选频作用。

由图 3-2-1，反馈网络的反馈系数为 $F_V=\frac{V_f}{V_o}=\frac{Z_2}{Z_1+Z_2}$，就实际的频率而言，可用 $S=j\omega$，得

$$\dot{F}_V=\frac{j\omega RC}{(1-\omega^2R^2C^2)+j3\omega RC}$$

如令 $\omega_0=\frac{1}{RC}$，则上式为

$$\dot{F}_V=\frac{1}{3+j\left(\frac{\omega}{\omega_0}-\frac{\omega_0}{\omega}\right)}$$

由此可得 RC 串并联选频网络的幅频响应及相频响应为

$$F_V=\frac{1}{\sqrt{3^2+\left(\frac{\omega}{\omega_0}-\frac{\omega_0}{\omega}\right)^2}}$$

$$\varphi_F=-\arctan\frac{\left(\frac{\omega}{\omega_0}-\frac{\omega_0}{\omega}\right)}{3}$$

由此而知当 $\omega=\omega_0=\frac{1}{RC}$ 或 $f=f_0=\frac{1}{2\pi RC}$ 时，幅频响应的幅值最大，即 $F_{V\max}=\frac{1}{3}$。

RC 串并联正反馈网络的幅频特性和相频特性的表达式和相应曲线，如图 3-2-2 中(a)和(b)所示。

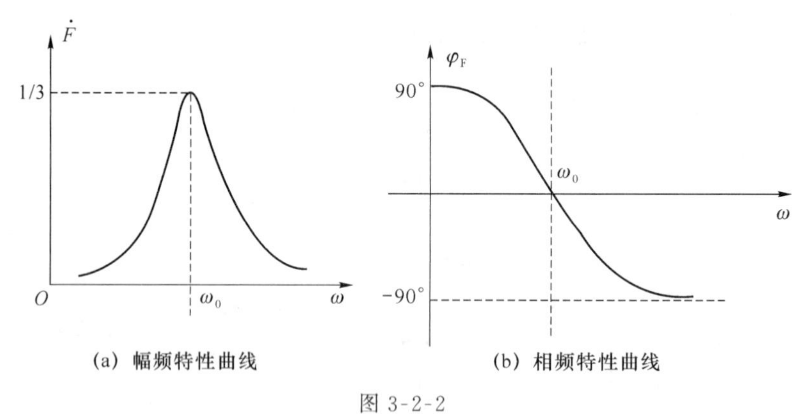

(a) 幅频特性曲线　　(b) 相频特性曲线

图 3-2-2

2. 带稳幅环节的负反馈支路

由上分析可知，正反馈选频网络在满足相位平衡的条件下，其反馈量为最大，是三分之一。因此为满足幅值平衡条件，这样与负反馈网络组成的负反馈放大器的放大倍数应为三倍。为起振方便应略大于三倍。由于放大器接成同相比例放大器，放大倍数需满足 $\dot{A}_{VF}=1+\frac{R_f}{R_1}\geqslant 3$，故 $\frac{R_f}{R_1}\geqslant 2$。为此，线路中设置电位器进行调节。

为了输出波形不失真且起振容易，在负反馈支路中接入非线性器件来自动调节负反馈量，是非常必要的。方法可以有很多种，有接热敏电阻的，有接场效应管的(压控器件)，本实验是利用二极管的非线性特性来实现稳幅的。其稳幅原理可从二极管的伏安特性曲线得到解答，如图 3-2-3 所示。

在二极管伏安特性曲线的弯曲部分，具有非线性特性。从图 3-2-3 中可以看出，在 Q_2 点，PN 结的等效动态电阻为 $r_{d2}=\left.\dfrac{dv_D}{di_D}\right|Q_2$；而在 Q_1 点，PN 结的等效动态电阻为 $r_{d1}=\left.\dfrac{dv_D}{di_D}\right|Q_1$；显然，$r_{d1}>r_{d2}$；也就是说，当振荡器的输出电压幅度增大时，二极管的等效电阻减少，负反馈量增大，从而抑制输出正弦波幅度的增大，达到稳幅的目的。

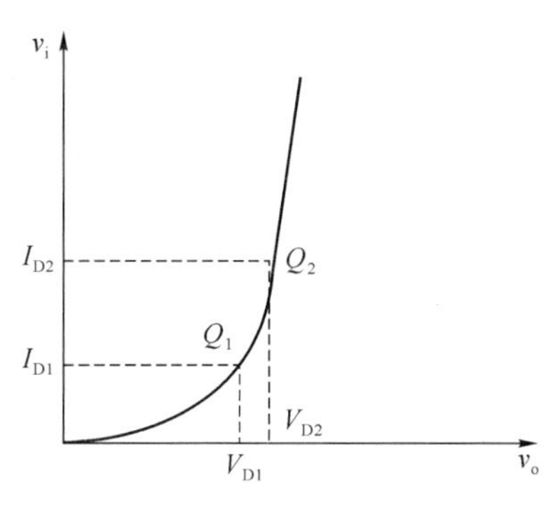

图 3-2-3

通过 R_D 调节负反馈量，将振荡器输出正弦波控制在较小幅度，正弦波的失真度很小，振荡频率接近估算值；反之则失真度增大，且振荡频率偏低。这是在实验中应当注意的。

3. 振荡频率及起振条件

(1) 振荡频率

为了满足振荡时相位平衡条件，要求 $\varphi_A \neq \varphi_F = \pm 2n\pi$。当 $f=f_0$ 时，串并联网络的 $\varphi_F=0$，如果在此频率下能使放大电路的 $\varphi_A=\pm 2n\pi$，即放大电路的输入与输出同相，即可达到相位平衡条件。在图 3-2-1 的 RC 串并联网络振荡原理图中，放大部分是集成运放，采用同相输入方式，则在中频范围内 φ_A 近似等于零。因此，电路在 f_0 时满足 $\varphi_A+\varphi_F=0$，而对于其他任何频率，则不满足振荡的相位平衡条件，所以电路的振荡频率为 $f_0=\dfrac{1}{2\pi RC}$。

(2) 起振条件

已知当 $f=f_0$ 时，$|\dot{F}|=\dfrac{1}{3}$，为了满足振荡的幅度平衡条件，必须使 $|\dot{A}\dot{F}|>1$，由此可以求得振荡电路的起振条件为 $|\dot{A}|>3$。

4. 振荡电路中的负反馈

在 RC 串并联网络振荡电路中，只要达到 $|\dot{A}|>3$ 即可满足产生正弦波振荡的起振条件。如果 $|\dot{A}|$ 值过大，由于振荡幅度超出放大电路的线性放大范围而进入非线性区，输出波形将产生明显的失真。因此，通常都在放大电路中引入负反馈以改善振荡波形。在 RC 串并联网络振荡电路中，引入了一个电压串联负反馈，它的作用不仅可以提高放大倍数的稳定性，还可以

改善振荡电路的输出波形。

改变电阻 R_f 或 R' 的阻值大小可以调节负反馈的深度。R_f 越小，则负反馈系数 $F=\frac{R'}{R_f+R'}$越大，负反馈深度越深，放大电路的电压放大倍数越小；反之，R_f 越大，则负反馈系数 F 越小，电压放大倍数越大。如电压放大倍数大小不能满足 $|\dot{A}|>3$ 的条件，则振荡电路不起振。如果电压放大倍数太大，则可能输出幅度太大，使振荡波形产生明显的非线性失真，应调整 R_f 或 R' 的值，使振荡电路产生比较稳定而失真较小的正弦波信号。

5. 振荡频率的调节

RC 串并联网络正弦波振荡电路的振荡频率为 $f_0=\frac{1}{2\pi RC}$，因此只要改变电阻 R 和电容 C 的值，即可调节振荡频率。在 RC 串并联网络中，利用波段开关换接不同的电容对振荡频率进行粗调，利用同轴电位器对振荡频率进行细调。为了调节振荡频率方便，通常取 $R_1=R_2=R$，$C_1=C_2=C$ 。

四、电路的设计和元器件的选择

RC 振荡器的设计，就是根据所给出的指标要求，选择电路的结构形式，计算和确定电路中各元件的参数，使它们在所要求的频率范围内满足振荡的条件，使电路产生满足指标要求的正弦波形以及最大输出电压。图 3-2-4 为 RC 振荡器的典型电路。其主要器件有运放 A，反馈网络和选频网络所用电阻 R 和电容 C，稳幅所用二极管 VD_1 及 VD_2。

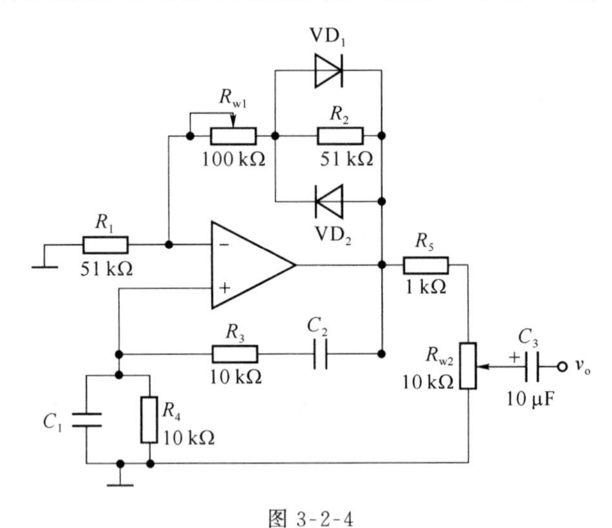

图 3-2-4

1. *RC* 振荡器的设计步骤

(1) 根据已知的指标，选择电路形式。

(2) 计算和确定电路中的元件参数。

(3) 选择运算放大器。

(4) 调试电路，使该电路满足设计指标的要求。

2. 设计举例

设计一个振荡频率为 800 Hz 的 RC(文氏电桥)正弦波振荡器。根据设计要求，选择图

3-2-4所示电路，计算和确定电路中的元件参数。

（1）根据振荡器的频率，计算 RC 乘积的值

$$RC=\frac{1}{2\pi f_0}=\frac{1}{2\times3.14\times800}=1.99\times10^{-4}\ \mathrm{S}$$

（2）确定 R、C 的值

为了使选频网络的特性不受运算放大器输入电阻和输出电阻的影响。按 $R_1\gg R\gg R_o$ 的关系选择 R 的值。其中，R_1（几百 kΩ 以上）为运算放大器同相端的输入电阻，R_o（几百 Ω 以下）为运算放大器的输出电阻。

因此，初选 $R=30\ \mathrm{k\Omega}$，则

$$C=\frac{1.99\times10^{-4}}{30\times10^3}=0.667\times10^{-7}\ \mathrm{F}$$

取其标称值 $C=0.1\ \mu\mathrm{F}$。

（3）确定 R_3 和 R_f（在图 3-2-4 中，$R_f=R_{W1}+R_2/\!/r_d$）的值

由振荡的振幅条件可知，要使电路起振，R_f 应略大于 $2R_1$，通常取 $R_f=2.1R_1$，以保证电路能起振和减小波形失真。

另外，为了满足 $R=R_1/\!/R_f$ 的直流平衡条件，减小运放输入失调电流的影响。由 $R_f=2.1R_1$ 和 $R=R_1/\!/R_f$ 可求出

$$R_1=\frac{3.1}{2.1}R=\frac{3.1}{2.1}\times20\times10^3=29.5\times10^3\ \Omega$$

取标称值
$$R_1=30\ \mathrm{k\Omega}$$

所以
$$R_f=2.1R_3=2.1\times30\times10^3\ \Omega=63\ \mathrm{k\Omega}$$

为了达到最好效果，R_f 与 R_3 的值还需通过实验调整后确定。

（4）确定稳幅电路及其元件值

稳幅电路由 R_5 和两个接法相反的二极管 VD_1、VD_2 并联而成，如图 3-2-4 所示。稳幅二极管 VD_1、VD_2 应选用温度稳定性较高的硅管。而且二极管 VD_1、VD_2 的特性必须一致，以保证输出波形的正、负半周对称。

（5）R_3 与 R_2 的确定

由于二极管的非线性会引起波形失真，因此，为了减小非线性失真，可在二极管的两端并上一个阻值与 r_d（r_d 为二极管导通时的动态电阻）相近的电阻 R_2（R_2 一般取几千欧，在本例中取 $R_2=51\ \mathrm{k\Omega}$。），然后再经过实验调整，以达到最好效果。R_2 确定后，可按下式求出 R_3。

$$R_3=R_f-(R_2/\!/r_d)\approx R_f-\frac{R_2}{2}=63\ \mathrm{k\Omega}-25\ \mathrm{k\Omega}=38\ \mathrm{k\Omega}$$

为了达到最佳效果，R_2 可用 30 kΩ 电阻和 50 kΩ 的电位器串联（即 $R_2=R_4+R_{W1}$）。

（6）选择运放的型号

选择的运放，要求输入电阻高、输出电阻小，而且增益带宽积要满足：

$$A_{Vo}\cdot \mathrm{BW}>3f_o$$

由于本例中的 $f_o=800\ \mathrm{Hz}$，故选用 LM324 集成运算放大器。

五、安装与调试

1. 按照电路设计的要求，焊接电路，检查无误后，接通电源，用示波器观察是否有振荡波形。

2. 然后调整 R_{W1} 和 R_{W2} 使输出波形为最大且失真最小的正弦波。若电路不起振，说明振荡的振幅条件不满足，应适当加大 R_{W1} 的值；若输出波形严重失真，说明 R_1 太大，应减小 R_{W1} 的值。

3. 当调出幅度最大且失真最小的正弦波后，可用示波器或频率计测出振荡器的频率。若所测频率不满足设计要求，可根据所测频率的大小，判断出选频网络的元件值是偏大还是偏小，从而改变 R 或 C 的值，使振荡频率满足设计要求。

4. 测量其最大输出正弦波电压 V_{omax} 的 f_{omax} 和 f_{omin} 是否达到了设计要求，并与设计结果进行比较，分析其产生误差的原因。

5. 测量振荡器的反馈系数。

六、实验报告的要求

1. 根据要求画出其电路设计图。
2. 元器件的选择和计算过程。
3. 实验数据的测量。
4. 分析其结果与理论值的误差产生的原因。
5. 实验心得与体会。

课题3 集成直流稳压电源的设计

一、实验目的

通过集成直流稳压电源的设计、安装和调试，要求学会：

1. 选择变压器、整流二极管、滤波电容及集成稳压器来设计直流稳压电源。
2. 掌握直流稳压电路的调试及主要技术指标的测试方法。

二、设计任务

1. 集成稳压电源的主要技术指标

(1) 输出电压为±15 V、输出电流为2 A；

(2) 输出纹波电压小于5 mV，稳压系数小于5×10^{-3}，输出内阻小于0.1 Ω；

(3) 加输出保护电路，最大输出电流不超过2 A。

2. 设计要求

(1) 电源变压器只做理论设计；

(2) 合理选择集成稳压器及扩流三极管；

(3) 保护电路拟采用限流型；

(4) 完成全电路理论设计、安装调试、绘制电路图；

(5) 撰写设计报告、调试总结报告及使用说明书。

三、实验原理

1. 直流稳压电源的基本原理

直流稳压电源一般由电源变压器T、整流滤波电路及稳压电路所组成，基本框图如图3-3-1所示。各部分电路的作用如下：

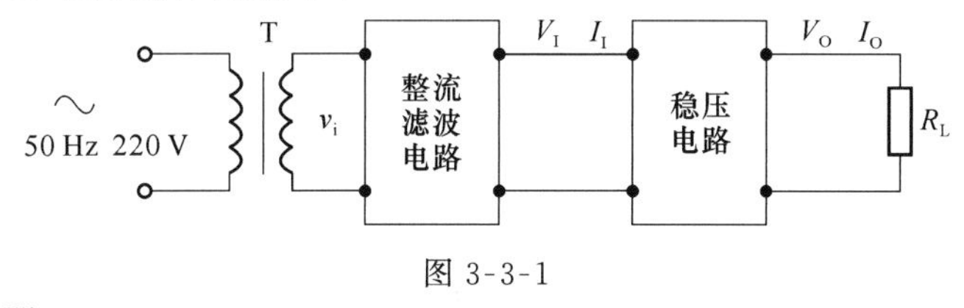

图3-3-1

(1) 电源变压器

电源变压器T的作用是将电网220 V的交流电压变换成整流滤波电路所需要的交流电压v_i，变压器副边与原边的功率比为$\frac{P_2}{P_1}=\eta$，式中，η为变压器的效率。

(2) 整流滤波电路

整流电路将交流电压v_i变换成脉动的直流电压，再经滤波电路滤除纹波，输出直流电压V_O。常用的整流滤波电路有全波整流滤波、桥式整流滤波、倍压整流滤波电路，如图3-3-2(a)、(b)及(c)所示。

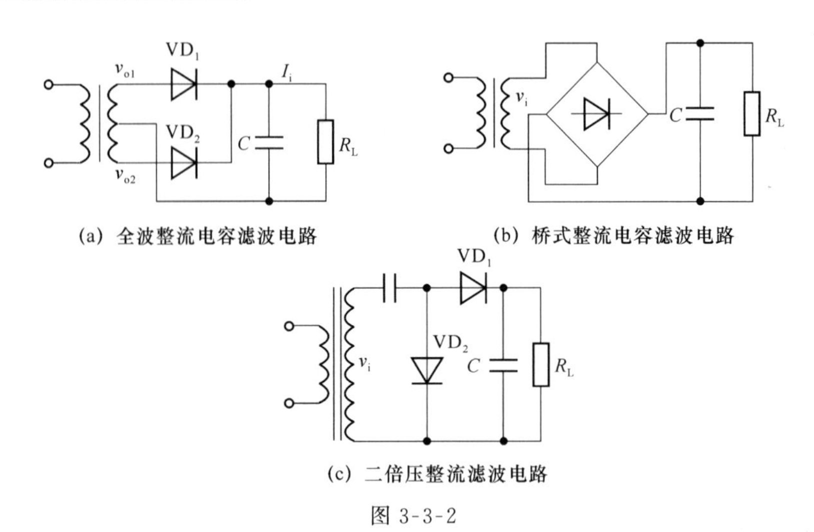

(a) 全波整流电容滤波电路　(b) 桥式整流电容滤波电路

(c) 二倍压整流滤波电路

图 3-3-2

各滤波电容 C 满足

$$R_{L1}\cdot C=(3-5)\frac{T}{2}$$

式中，T 为输入交流信号周期；R_{L1} 为整流滤波电路的等效负载电阻。

(3) 三端集成稳压器

常用的集成稳压器有固定式三端稳压器与可调式三端稳压器(均属电压串联型)，下面分别介绍其典型应用。

① 固定三端集成稳压器

正压系列：78××系列，该系列稳压块有过流、过热和调整管安全工作区保护，以防过载而损坏。一般不需要外接元件即可工作，有时为改善性能也加少量元件。78××系列又分 3 个子系列，即 78××、78M××和 78L××。其差别只在输出电流和外形，78××输出电流为 1.5A，78M××输出电流为 0.5A，78L××输出电流为 0.1A。

负压系列：79××系列，该系列与 78××系列相比，除了输出电压极性、引脚定义不同外，其他特点都相同。

78××系列、79××系列的典型电路如图 3-3-3(a)、(b)、(c)所示。

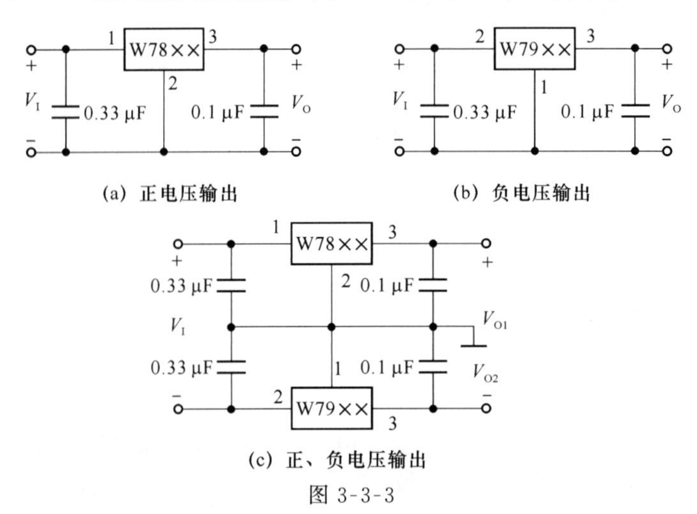

(a) 正电压输出　(b) 负电压输出

(c) 正、负电压输出

图 3-3-3

② 可调式三端集成稳压器

正压系列：W317 系列，该系列稳压器能在输出电压为 1.25～37 V 的范围内连续可调，外接元件只需一个固定电阻和一只电位器。其芯片内也有过流、过热和安全工作区保护。最大输出电流为 1.5 A。其典型电路如图 3-3-4 所示。其中电阻 R_1 与电位器 R_p 组成电压输出调节器，输出电压 V_O 的表达式为

$$V_O \approx 1.25\left(1+\frac{R_p}{R_1}\right)$$

式中，R_1 一般取值为（120～240 Ω），输出端与调整压差为稳压器的基准电压（典型值为 1.25 V），所以流经电阻 R_1 的泄放电流为 5～10 mA。

负压系列：W337 系列，与 W317 系列相比，除了输出电压极性、引脚定义不同外，其他特点都相同。

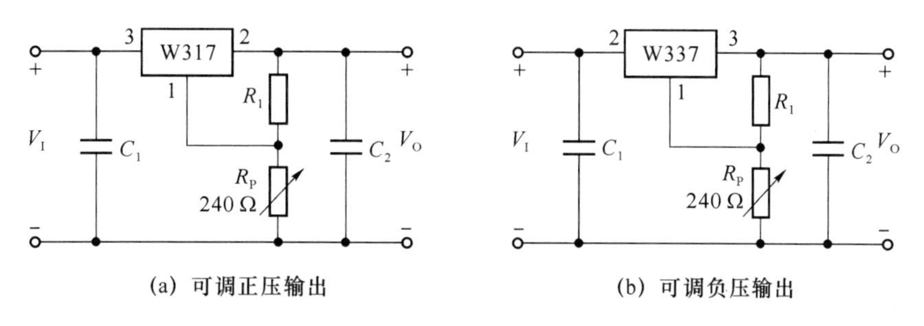

(a) 可调正压输出　(b) 可调负压输出

图 3-3-4

2. 稳压电源的性能指标及测试方法

稳压电源的技术指标分为两种：一种是特性指标，包括允许的输入电压、输出电压、输出电输出电压调节范围等；另一种是质量指标，用来衡量输出直流电压的稳定程度，包括稳压（或电压调整率）、输出电阻（或电流调整率）、温度系数及纹波电压等。测试电路如图 3-3-5 所示。

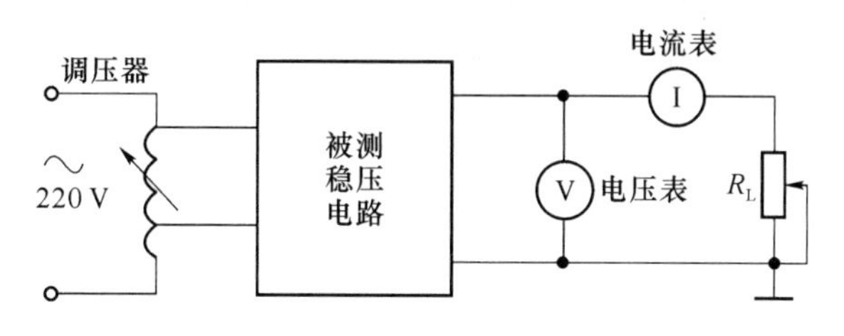

图 3-3-5

这些质量指标的含义，可简述如下：

(1) 纹波电压

纹波电压是加在输出电压 V_O 上的交流分量。用示波器观测其峰-峰值，$\Delta V_{P\text{-}P}$ 一般为毫伏量级。也可以用交流电压表测量其有效值，但因 Δv_o 不是正弦波，所以用有效值衡量其纹波电压，存在一定误差。

(2) 稳压系数及电压调整率

稳压系数：在负载电流、环境温度不变的情况下，输入电压的相对变化引起输出电压的相对变化，即

$$S_\gamma=\frac{\Delta V_O/V_O}{\Delta V_I/V_I}$$

电压调整率:输入电压相对变化为±10%时的输出电压相对变化量,即

$$K_V=\frac{\Delta V_O}{V_O}$$

稳压系数 S_γ 和电压调整率 K_V 均说明输入电压变化对输出电压的影响,因此只需测试其中之一即可。

(3) 输出电阻及电流调整率

输出电阻:放大器的输出电阻相同,其值为当输入电压不变时,输出电压变化量与输出电流变化量之比的绝对值,即

$$R_o=\frac{|\Delta V_O|}{|\Delta I_O|}$$

电流调整率:输出电流从 0 变到最大值,I_{Lmax}时所产生的输出电压相对变化值,即

$$K_i=\frac{\Delta V_O}{V_O}$$

输出电阻 R_o 和电流调整率 K_i 均说明负载电流变化对输出电压的影响,因此也只需测试其中之一即可。

四、设计指导

直流稳压电源的一般设计思路为:由输出电压 V_O、电流 I_O 确定稳压电路形式,通过计算极限参数(电压、电流和功耗)选择器件;由稳压电路所要求的直流电压(V_I)、直流电流(I_I)输入确定整流滤波电路形式,选择整流二极管及滤波电容并确定变压器的副边电压的有效值 V_i、电流的有效值 I_i 及变压器功率。最后由电路的最大功耗工作条件确定稳压器、扩流功率管的散热措施。

图 3-3-6 为集成稳压电源的典型电路。其主要器件有变压器 T、整流二极管 VD_1~VD_4、滤波电容 C、集成稳压器及测试用的负载电阻 R_L。

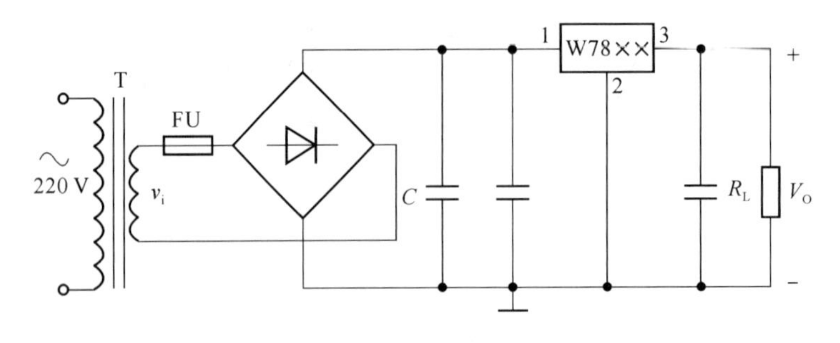

图 3-3-6

下面介绍这些器件选择的一般原则。

1. 集成稳压器

为保证稳压器的电网量低时仍处于稳压状态,要求稳压电路输入电压

$$V_i \geqslant V_{omax}+(V_i-V_o)_{min}$$

式中,$(V_i-V_o)_{min}$是稳压器的最小输入输出压差,典型值为 3 V。按一般电源指标的要求,当

输入交流电 220 V 变化±100%时，电源应稳压。所以稳压电路的最低输入电压

$$V_{imin} \approx \frac{[V_{omax} + (V_i - V_o)_{min}]}{0.9}$$

另一方面，为保证稳压器安全工作，要求

$$V_i \leqslant V_{omin} + (V_i - V_o)_{max}$$

式中，$(V_i - V_o)_{max}$是稳压器的最大允许输入、输出压差，典型值为 3.5 V。

2. 电源变压器

确定整流滤波电路形式后，由稳压器要求的最低输入直流电压 V_{imin} 计算出变压器的副边电压 V_i 和副边电流 I_i。

五、设计示例

设计一个集成电路稳压电源，性能指标要求如下：

(1) 输出电压 $V_o = 5 \sim 12$ V；

(2) 纹波电压≤5 V；

(3) 电压调整率 $K_V \leqslant 3\%$；

(4) 电流调整率 $K_i \leqslant 1\%$。

选用可调式三端稳压器 W317，其典型指标满足设计要求。电路形式如图 3-3-7 所示。

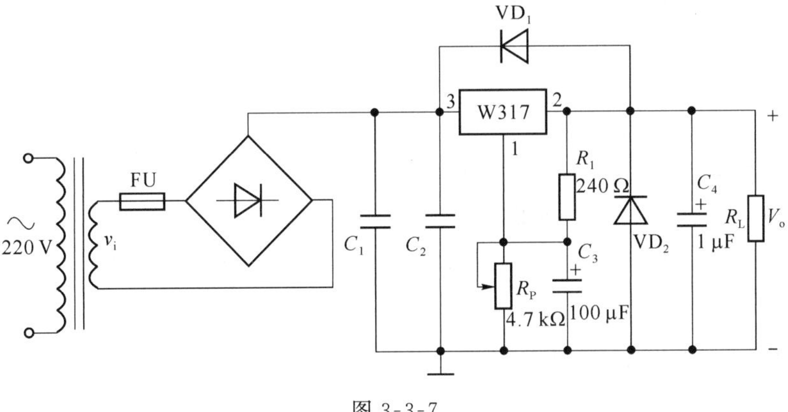

图 3-3-7

1. 器件选择

电路参数计算如下：

(1) 确定稳压电路的最低输入直流电压 V_{imin}

$$V_{imin} \approx \frac{[V_{omax} + (V_i - V_o)_{min}]}{0.9}$$

代入各指标，计算得

$$V_{imin} \geqslant (12 + 3)/0.9 = 16.67 \text{ V}$$

所以取值 17 V。

(2) 确定电源变压器副边电压、电流及功率

$$V_i \geqslant V_{imax}/1.1$$

$$I_i \geqslant I_{imax}$$

所以取 $I_i=1.1$ A；$V_i \geqslant 17/1.1=15.5$ V；变压器副边功率 $P_2 \geqslant 17$ W；变压器的效率 $\eta=0.7$，则原边功率 $P_1 \geqslant 24.3$ W。由以上分析，可选购副边电压为 16 V，输出 1.1 A，功率 30 W 的变压器。

(3) 选整流二极管及滤波电容

因电路形式为桥式整流电容滤波，通过每个整流二极管的反峰电压和工作电流求出滤波电容值。已知整流二极管 1N5401，其极限参数为 $V_{RM}=50$ V，$I_D=3.5$ A。滤波电容 $C_1 \approx (3-5)TI_{imax}/2V_{imin}=(1\ 941-3\ 235)\mu$F，故取两只 2 200 μF/25 V 的电解电容作滤波电容。

2. 稳压器功耗估算

当输入交流电压增加 10% 时，稳压器输入直流电压最大，为

$$V_{imax}=1.1\times1.1\times16=19.36\ \text{V}$$

所以稳压器承受的最大压差为 19.36～15 V；最大功耗为 $V_{imax}I_{imax}=15\times1.1=16.5$ W，故应选用散热功率 ≥16.5 W 的散热器。

3. 其他措施

如果集成稳压器离滤波电容 C_1 较远时，应在 W317 靠近输入端处接上一只 0.33 μF 的旁路电容 C_2。接在调整端和地之间的电容 C_3 是用来旁路电位器 R_P 两端的纹波电压。当 C_3 的容量为 10 μF 时，纹波抑制比可提高 20 dB，减到原来的 1/10。另一方面，由于电路中接了电容 C_3，此时一旦输入端或输出端发生短路，C_3 中储存的电荷会通过稳压器内部的调整管和基准放大管而损坏稳压器。为了防止在这种情况下 C_3 的放电电流通过稳压器，在 R_1 两端并接一只二极管 VD_2。

W317 集成稳压器在没有容性负载的情况下可以稳定地工作。但当输出端有 500～5 000 pF 的容性负载时，就容易发生自激。为了抑制自激，在输出端接一只 1 μF 的钽电容或 25 μF 的铝电解电容 C_4。该电容还可以改善电源的瞬态响应。但是接上该电容以后，集成稳压器的输入端一旦发生短路，C_4 将对稳压器的输出端放电，其放电电流可能损坏稳压器，故在稳压器的输入与输出端之间，接一保护二极管 VD_1。

六、电路安装与指标测试

1. 安装整流滤波电路

首先应在变压器的副边接入保险丝 FU，以防电源输出端短路损坏变压器或其他器件，整流滤波电路主要检查整流二极管是否接反，接反会损坏变压器。检查无误后，通电测试(可用调压器逐渐将输入交流电压升到 220 V，用滑线变阻器做等效负载，用示波器观察输出是否正常)。

2. 安装稳压电路部分

集成稳压器要安装适当散热器，根据散热器安装的位置决定是否需要集成稳压器与散热器之间绝缘，输入端加直流电压 V_i(可用直流电源作输入，也可用调试好的整流滤波电路作输入)，滑线变阻器作等效负载，调节电位器 R_P，输出电压应随之变化，说明稳压电路正常工作。注意检查在额定负载电流下稳压器的发热情况。

3. 总装及指标测试

将整流滤波电路与稳压电路相连接并接上等效负载，测量下列各值是否满足设计要求：

(1) V_i 为最高值(电网电压为242 V),V_o 为最小值(此例为+5 V),测稳压器输入、输出端压差是否小于额定值,并检查散热器的温升是否满足要求(此时应使输出电流为最大负载电流)。

(2) V_i 为最低值(电网电压为198 V),V_o 为最大值(此例为+12 V),测稳压器输入、输出端压差是否大于3 V,并检查输出稳压情况。

如果上述结果符合设计要求,便可按照前面介绍的测试方法,进行质量指标测试。

七、设计实验报告要求

1. 画出设计原理图,列出元器件清单。
2. 整理实验数据。
3. 调试中出现什么故障?如何排除?
4. 分析整体测试结果。
5. 写出本实验的心得体会。

课题 4　语音放大电路的设计

一、实验目的

1. 掌握集成运放的工作原理及应用。
2. 掌握低频小信号放大电路和功放电路的设计方法。
3. 了解语音识别知识。

二、设计任务与要求

1. 已知条件

语音放大电路由前置放大器、有源带通滤波器、功率放大器、喇叭几部分构成，如图 3-4-1 所示。可以采用前几个实验的设计结果，或作适当的参数调整来实现本实验的要求。

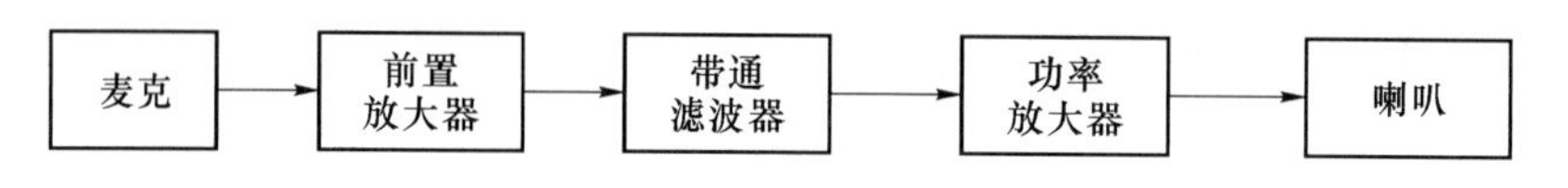

图 3-4-1

(1) 前置放大器：将前级输出的微小的电信号在电压幅度上进行放大；
(2) 带通滤波器：滤除各种噪声信号，而使正常的语音信号通过；
(3) 功率放大器：放大电流，使信号能够驱动负载(喇叭)。

2. 性能指标

(1) 前置放大器

① 输入信号：$v_{id} \leqslant 10$ mV；
② 输入阻抗：$R_i = 100$ kΩ；
③ 共模抑制比：$K_{CMR} \geqslant 60$ dB。

(2) 有源带通滤波器

带通频率范围 300 Hz～3 kHz。

(3) 功率放大器

① 最大不失真输出功率 $P_{omax} \geqslant 5$ W；
② 负载阻抗：$R_L = 4$ Ω；
③ 电源电压：+5 V，+12 V，−12 V。

(4) 输出功率连续可调

① 直流输出电压≤50 mV(输出开路时)；
② 静态电源电流≤100 mA(输出短路时)。

3. 要求

(1) 选取单元电路及元件

根据设计要求和已知条件，确定前置放大电路、有源带通滤波电路、功率放大电路的方案，计算和选取单元电路的元件参数。

(2) 前置放大电路的组装与调试

测量前置放大电路的差模电压增益 A_{VD}、共模电压增益 A_{VC}、共模抑制比 K_{CMR}、带宽 BW1、输入电压 V_i 等各项技术指标，并与设计要求值行比较。

(3) 有源带通滤波电路的组装与调试

测量有源带通滤波电路的差模电压增益 A_{VD}、带通 BW1，并与设计要求进行比较。

(4) 功率放大电路的组装与调试

测量功率放大电路的最大不失真输出功率 P_{omax}、电源供给功率 P_{DC}、输出效率 η、直流输出电压、静态电源电流等技术指标。

(5) 整体电路的联调与试听

(6) 应用 EWB 软件对电路进行仿真分析

三、原理与参考电路

1. 前置放大电路

前置放大电路可以采用前面设计的差分放大电路经改进来实现，也可以采用集成运放构成测量用小信号放大电路。下面介绍测量用放大电路的设计。

在测量用的放大电路中，一般传感器送来的直流或低频信号，经放大后多用单端方式传输。典型情况下，信号的最大幅度可能仅有若干毫伏，共模噪声可能高达几伏。放大器输入漂移和噪声等因素对于总的精度至关重要，放大器本身的共模抑制特性也是同等重要的问题。因此前置放大电路应该是一个高输入阻抗、高共模抑制比、低漂移的小信号放大电路。在设计前置小信号放大电路时，可参考运算放大器应用的相关介绍。

参考电路如图 3-4-2 所示，增益 $A_V=1+\dfrac{R_2}{R_1}$。

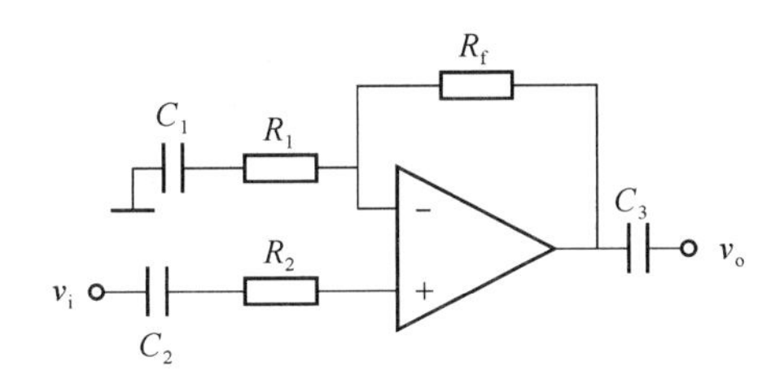

图 3-4-2

2. 有源滤波电路

有源滤波电路是用有源器件与 RC 网络组成的滤波电路。

有源滤波电路的种类有低通(LPF)、高通(HPF)、带通(BPF)、带阻(BEF)滤波器，本实验着重讨论典型的二阶有源滤波器。

由于声音频率在 300～3 000 Hz 之间，所以本实验需要二阶带通有源滤波器。

(1) 基本原理

通带滤波器(BPF)能通过规定范围的频率，这个频率范围就是电路的带宽 BW，滤波器的最大输出电压峰值出现在中心频率 f_0 的频率点上。

带通滤波器的带宽越窄，选择性越好，也就是电路的品质 Q 越高。电路的 Q 值可用公式求出：$Q=\frac{f_0}{BW}$。

可见，高 Q 值滤波器有窄的带宽，大的输出电压；反之低 Q 值滤波器有较宽的带宽，势必输出电压较小。要实现这么一个功能，可以将一个二阶有源低通滤波器(LPF)与一个二阶有源高通滤波器(HPF)串联起来，由二阶有源低通滤波器来对高频信号进行抑制，由二阶有源高通对滤波器对低频信号进行抑制，最终达到对信号进行一定频率范围的抑制作用。

有源滤波电路是由有源器件与 RC 网络组成的滤波电路。

本实验采用具有 Butterworth 特性的典型的二阶有源滤波器。在满足 LPF 的通带截止频率高于 HPF 的通带截止频率的条件下，把相同元件的压控电压源滤波器的 LPF 和 HPF 串联起来，可以实现 Butterworth 通带响应。用该方法构成的滤波器的通带较宽，通带截止频率易于调整，多用作测量信号噪声比的音频带通滤波器，电路图如图 3-4-3 所示，能抑制低于 300 Hz 和高于 3 000 Hz 的信号。

(2) 设计原理

本电路采用的宽带带通滤波器，在满足 LPF 的通带截止频率高于 HPF 的通带截止频率的条件下，把相同元件压控电压源滤波器的 LPF 和 HPF 串联起来可以实现带通滤波器的功能，而且带通滤波器的低频截止频率 f_L 由 HPF 的截止频率决定，高频截止频率 f_H 由 LPF 的截止频率决定。

(3) 性能指标

与 LPF 有关的量：

$$f_n=\frac{1}{2\pi R\sqrt{C_1C_2}};\quad C_1=\frac{2Q}{\omega_n R};\quad C_2=\frac{1}{2Q\omega_n R}$$

与 HPF 有关的量：

$$f_n=\frac{1}{2\pi C\sqrt{R_1R_2}};\quad R_1=\frac{1}{2Q\omega_n C};\quad R_2=\frac{2Q}{\omega_n C}$$

采用如图 3-4-3 所示滤波器，能抑制低于 300 Hz 和高于 3 000 Hz 的信号，符合要求。所用的两个放大器仍为 LM324。

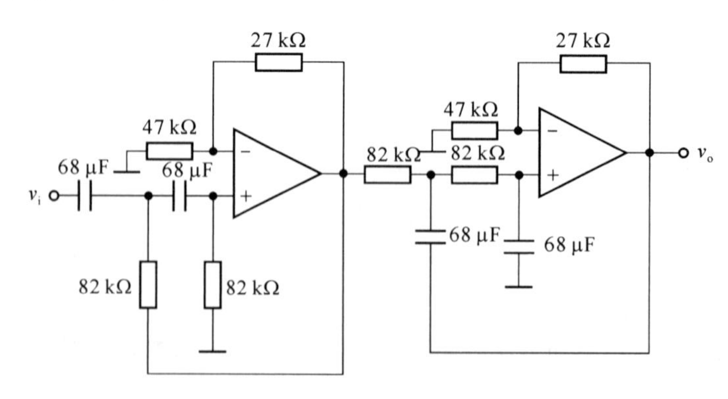

图 3-4-3

3. 功率放大电路

功率放大的主要作用是向负载提供功率，要求输出功率尽可能大，转换功率尽可能高。非线性失真尽可能小。

功率放大电路的电路形式很多，有双电源供电的 OCL 互补对称功放电路，单电源供电的 OTL 功放电路、BTL 桥式推挽功放电路和变压器耦合功放电路等。这些电路都各有特点，读者可根据设计要求和具备的实验条件综合考虑，作出选择。

TDA200X 系列音频功率放大器件包括 TDA2002/TDA2003(或 D2002/D2003/D2030 或 MPC2002H 等)。其性能优良，功能齐全，并附加有各种保护、消噪声电路，外接元件大大减小，仅有 5 个引出端(脚)，易于安装、作用，因此也称为五端集成功放。集成功放基本都工作在接近乙类(B类)的甲乙类(AB类)状态，静态电流大都在 10～50 mA 以内，因此静态功耗很小，但动态功耗很大，且随输出的变化而变化。五端功放的内部等效电路，主要技术指标与管脚图可参见集成电路有关手册。

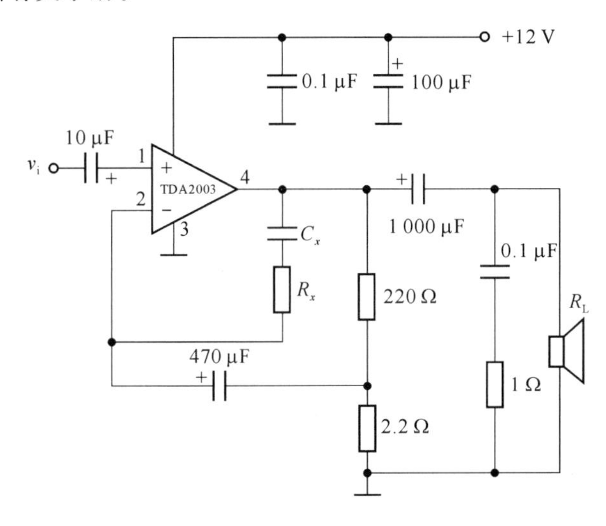

图 3-4-4

图 3-4-4 是 TDA2003 的典型应用电路，在图 3-4-4 中补偿元件 R_x、C_x 可按下式选用：

$$R_x = 20R_2\,; \quad C_x = \frac{1}{2\pi R_1 f_0}$$

式中，f_0 是带宽，通常取 −3 dB；$R_x \approx 39\ \Omega$；$C_x \approx 0.033\ \mu F$。

选用如图 3-4-4 所示的电路，其中的功放选择了 TDA2003。

四、实验内容与步骤

1. 分配各级放大电路的电压放大倍数

由电路设计要求得知，该放大器由三级组成，其总的电压放大倍数 $A_V = A_{V1} \cdot A_{V2} \cdot A_{V3}$。应根据放大器所要求的总放大倍数 A_V 来合理分配各级的电压放大倍数($A_{V1} \sim A_{V3}$)，同时还要考虑到各级基本放大电路所能达到的放大倍数。因此在分配和确定各级电压放大倍数时，应注意以下几点：

(1) 由输入信号 v_i，最大不失真输出功率 P_{om}，负载阻抗 R_L，求出总的电压放大倍数(增益)A_V。

(2) 为了提高信噪比 S/N,前置放大电路的放大倍数可以适当取大。一般来说,一级放大倍数可达几十倍。

(3) 为了使输出波形不致产生饱和失真,输出信号的幅值应小于电源电压。

2. 确定各单元电路及元件参数

根据已分配确定的电压放大倍数和设计已知条件,分别确定前置级、有源滤波级与输出级的电路方案,并计算和选取各元件参数。

3. 在实验电路板上组装所设计的电路

检查无误后接通电源,进行调试。在调试时要注意先进行基本单元电路的调试,然后再系统联调。也可以对基本单元采取边组装边调试的办法,最后系统联调。

4. 前置放大电路的调试

(1) 静态调试

调零和消除自激振荡。

(2) 动态调试

① 在两输入端加差模输入电压 v_{id}(输入正弦电压,幅值与频率自选),测量输出电压 v_{od},观测并记录输出电压与输入电压的波形(幅值,相位关系),算出差模放大倍数 A_{VD}。

② 在两输入端加共模输入电压 v_{ic}(输入正弦电压,幅值与频率自选),测量输出电压 v_{oc},算出共模放大倍数 A_{VC}。

③ 算出共模抑制比 K_{CMR}。

④ 用逐点法测量幅频特性,并作出幅频特性曲线,求出上、下限截止频率。

⑤ 测量差模输入电阻。

5. 有源带通滤波电路的调试

(1) 静态调试

调零和消除自激振荡。

(2) 动态调试

① 输出电压的测量以及输出波形同上。

② 测量幅频特性,作出幅频特性曲线,求出带通滤波电路的带宽 BW2。

③ 在通带范围内,输入端加差模输入电压(输入正弦信号、幅值与频率自选),测量输出电压,算出通带电压放大倍数(通带增益)A_{V2}。

6. 功率放大电路的调试

(1) 静态调试

集成功放(如 TDA2003)或用运算放大器驱动的功放电路,其静态调试均应在输入端对地短路的条件下进行。

电路静态调试。输入对地短路,观察输出有无振荡,如有振荡,采取消振措施以消除振荡。

(2) 功率参数测试

集成或分立元件电路的功率参数测试方法基本相同。测试中应注意在输出信号不失真的条件下进行,因此测试过程中,必须用示波器监视输出信号。

① 测量最大输出功率 P_{om}

输入 $f=1$ kHz 的正弦信号,并逐步加大输入电压幅值直至输出电压的 v_o 波形出现临界

削波时，测量此时 R_L 两端输出电压的最大值 V_{om} 或有效值 V_o，则

$$P_{om}=\frac{V_{om}^2}{2R_L}=\frac{V_o^2}{R_L}$$

② 测量电源共给的平均功率 P_V

近似认为电源供给整个电路的功率为 P_V（前级消耗功率不大），所以在测试 V_{om} 的同时，只要在供电回路串入直流电流表测出直流电源的平均电流 I_C，即可求出 P_V，即

$$P_V=V_{CC}\cdot I_C$$

③ 计算效率 η

$$\eta=\frac{P_{om}}{P_V}$$

④ 计算电压增益 A_{V3}

$$A_{V3}=\frac{v_o}{v_{i3}}$$

7. 系统联调和试听

经过以上对各级放大电路的局部调试后，可以逐步扩大到整个系统的联调。

(1) 令输入信号 $v_i=0$，测量输出直流电压 。

(2) 输入 $f=1$ kHz 的正弦信号，改变 v_i 幅值，用示波器观察输出电压 v_o 波形的变化情况，记录输出电压 v_o 最大不失真幅度所对应的输入电压 v_i 的变化范围。

(3) 输入 v_i 为一定值的正弦信号（在 v_o 不失真的范围取值），改变输入信号的频率，观察 v_o 的幅值变化情况，记录下降到 $0.707v_o$ 之内的频率变化范围。

(4) 计算总的电压放大倍数 $A_V=\frac{v_o}{v_i}$。

系统的联调与各项性能指标测试完毕之后，可以模拟视听效果。去掉信号源，用扬声器代替 R_L，从扬声器试听播出的音频效果。从视听效果看，应该是音质清楚，无杂音，音量大，电路运行稳定为最佳设计。

五、实验报告的要求

1. 原理电路的设计，内容包括：

(1) 方案比较，分别画出各方案的原理图，说明其原理、优缺点和最后的方案。

(2) 每一级电压放大倍数的分配数和分配理由。

(3) 每一级主要性能指标的计算。

(4) 每一级主要参数的计算与元器件选择。

2. 整理各项实验数据，画出有源带通滤波器和前置输入级的幅频特性曲线，画出各级输入、输出电压的波形（标出幅值、相位关系），分析实验结果，得出结论。

3. 将实验测量值分别与理论计算值进行比较，分析误差原因。

4. 整体测试结果和试听结果，分析是否满足设计要求。

5. 在整个调试过程中和试听中所遇到的问题以及解决的方法。

6. 收获体会。

六、主要元器件

- 集成运算放大器 LM324:3～4 片;
- 集成功放 TDA2003(另加散热器):1 片;
- 4 Ω 喇叭、麦克风:1 只;
- 1/4 W 金属膜电阻、可调电阻、电容若干。

七、思考题

1. 通常,功率放大器也有电压增益,功率放大器的电压放大倍数和电压放大器的电压放大倍数计算方法有无差别?

2. 可否通过改变反馈量来改变功放电路的输出功率?

八、注意事项

1. 功率放大器输出电压电流都较大,实验过程中要特别注意安全,绝不能出现短路现象,以防烧毁功放集成电路。

2. 输出功率较大时,功放集成电路会发烫,为了防止过热烧毁集成电路,尽可能加上散热器。

3. 功放电路信号较强,走线不合理时,很容易发生自激振荡。实验过程中随时用示波器观察输出波形,如发现有异常现象,马上切断电源。

第 4 部分

数字电路实验课程设计

设 计 举 例

一、设计内容及要求

1. 设计内容

设计一个能测量脉冲宽度的数字式毫秒计。

2. 技术要求

（1）四位十进制数字显示，测量脉冲宽度范围为 0～9 999 ms。

（2）可以进行脉冲宽度读数的累加。

（3）测量误差±1 个数字。

（4）能手动清零。

二、总体方案确定和工作原理

数字毫秒计是用来测量脉冲宽度的数字显示装置，其总体方框图如图 4-0-1 所示。它主要包括多谐振荡器、分频器、门控电路、主控门、计数器、译码器和数码显示器等部分。

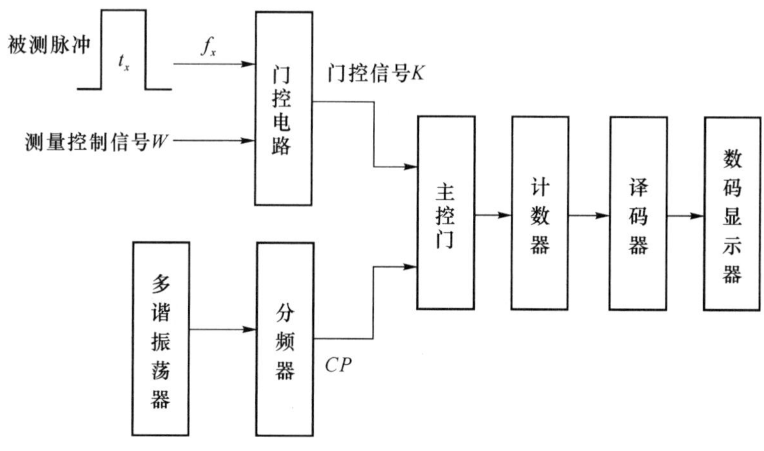

图 4-0-1

下面介绍它的工作原理：

脉冲宽为 t_x 的被测信号与测量控制信号 W 共同作用于门控电路，门控电路产生门控信号 K，用来控制主控门的开或关。为了在一个测量信号控制下进行一次测量，要求被测信号连续输入到主控门时，测量控制信号 W 作用一次，门控电路只能输出一个与被测脉冲宽度 t_x 相等的门控信号。

由石英晶体振荡器产生的频率稳定脉冲信号，再经过几次分频后获得周期严格等于 1 ms（即频率为 1 kHz）的脉冲信号，称为时基脉冲信号，用 CP 表示。

门控信号 K 和时基脉冲 CP 共同作用于主控门，K 为高电平期间，主控门开启，CP 脉冲送入计数器，进行十进制计数；K 为低电平期间，主控门关闭，CP 脉冲信号停止送入计数器。由于门控信号 K 的宽度等于被测脉冲的宽度 t_x，因此，计数器所计的时基脉冲的个数，即为被测脉冲宽度的毫秒数。

计数器的输出再经过译码器和数码显示器，直接用十进制数显示出来，完成一次测量结果显示。

三、单元电路设计

1. 石英晶体振荡器

为了获得频率稳定的时基脉冲，以减小测量误差，本电路采用石英晶体振荡器，用反相器和石英晶体构成的振荡器如图 4-0-2 所示。石英晶体的振荡频率为 4 MHz。利用两个非门 G_1 和 G_2 自我反馈，使它们工作在线性状态然后利用石英晶体来控制振荡频率，同时用电容 C_1 作为两个非门之间的耦合，两个非门输入和输出之间并接的电阻 R_1 和 R_2 作为反馈元件用。电容 C_2 是为了防止寄生振荡。

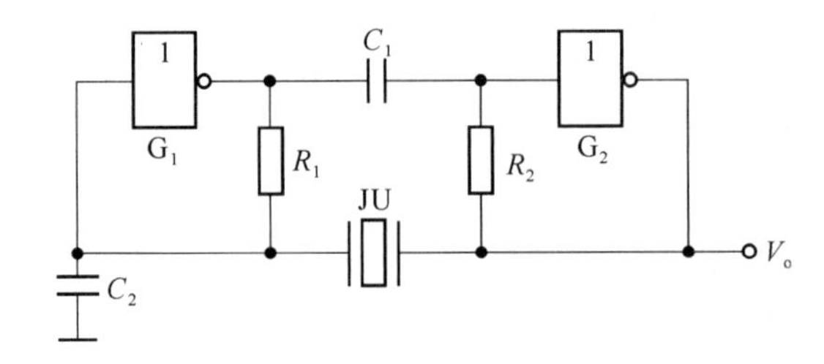

图 4-0-2

图 4-0-2 中 $R_1=R_2=1\ \text{k}\Omega$，$C_1=0.01\ \mu\text{F}$，$C_2=10\ \text{pF}$。

2. 分频电路

由石英晶体振荡器输出的脉冲信号频率为 4 MHz，为了得到周期为标准时间 1 ms 的时基脉冲，须经过四次十分频电路。通常，十进制计数器最高位的输出信号是输入信号的十分频，因此，本设计采用 CMOS 十进制计数器 CC4518 组成三级十分频和一级四分频电路，最后获得周期为 1 ms 的时基脉冲，其电路如图 4-0-3 所示。

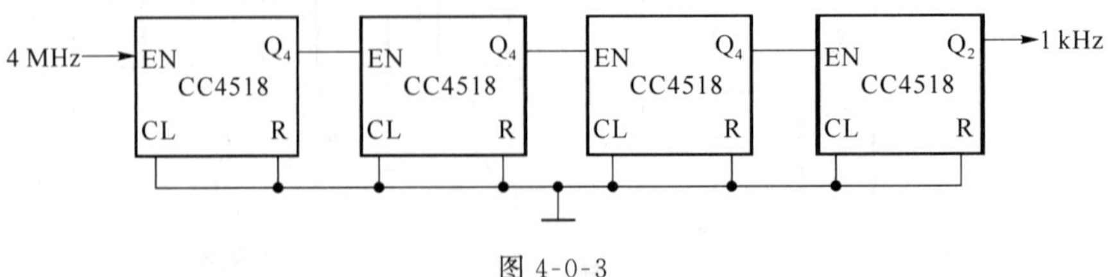

图 4-0-3

3. 门控电路

门控电路是利用测量信号 W 和被测信号 f_x 来产生门控信号 K，以控制主控门的开通与关闭。这里采用双 D 触发器 CC4013 和与非门 CC4011 组成。测量前先用清零信号 L 的高电平将两个触发器清零，即 $Q_1=Q_2=0$。测量时按一下测量按钮，获得一个测量正脉冲 W，由于第一个触发器的 D 输入端接 1，因此，W 的上升沿到来后 Q_1 由 0 变 1。紧接着的一个被测脉冲 f_x 的上升沿到来后，又将第二个触发器翻转为 1 状态，即 $Q_2=1, Q_2'=0$。Q_2 由 1 变 0 经与非门送至 1 号触发器的 R_1 端，使 R_1 变为高电平，将 1 号触发器又重新置 0，此状态一直维持到下一个测量信号 W 到来。而 2 号触发器只有在下一个被测脉冲的上升沿到来后才能重新置 0。因此，Q_2 的高电平时间是两个被测脉冲之间的时间间隔（即被测脉冲 f_x 的周期）。为了获得脉冲宽度与被测脉冲宽度 t_x 相等的门控信号，将 Q_2 的输出波形与被测信号 f_x 经 G_5 门相与即可得到。电路图如图 4-0-4 所示。

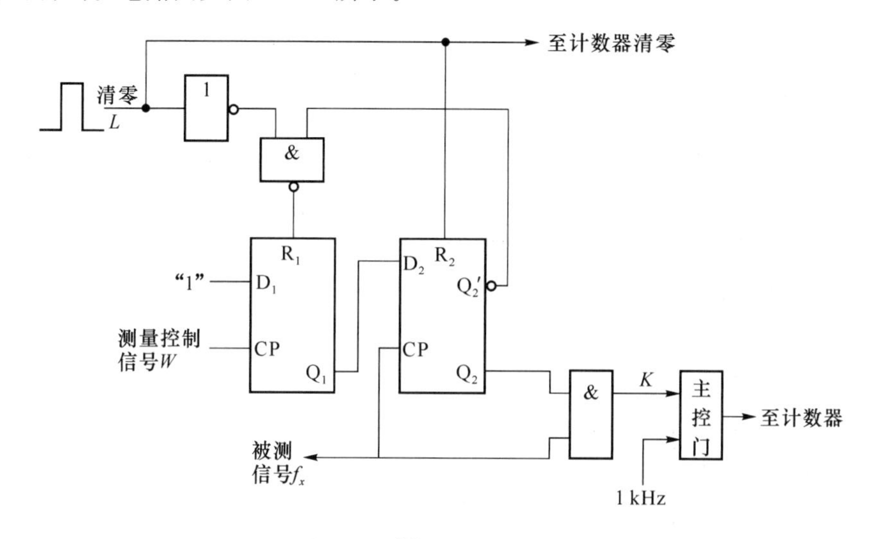

图 4-0-4

4. 主控门

主控门是一个由控制信号 K 控制的闸门，K 为高电平期间，主控门打开，周期为 1 ms 的时基脉冲通过主控门；反之，主控门关闭，时基脉冲停止通过主控门。图 4-0-5 所示是由与非门 CC4011 组成的主控门，它实际上是一个与门。

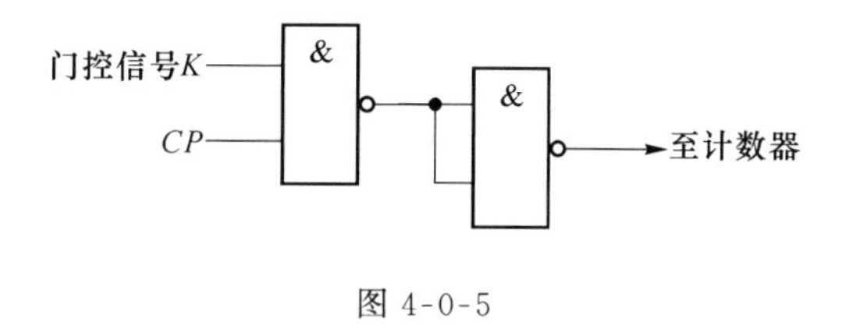

图 4-0-5

5. 计数器

计数器的作用是将主控门输出的时基脉冲进行累加计数，并将计数结果送至译码器进行译码。

为了最后实现四位十进制数码显示，计数器采用四级 8421BCD 码十进制加法计数器，分别代表十进制数的个位、十位、百位和千位。这样，毫秒计的最大计数容量为 9 999 ms，它为被测脉冲的最大宽度。具体电路由两片 CC4518 双 BCD 同步加法计数器组成，如图 4-0-6 所示。

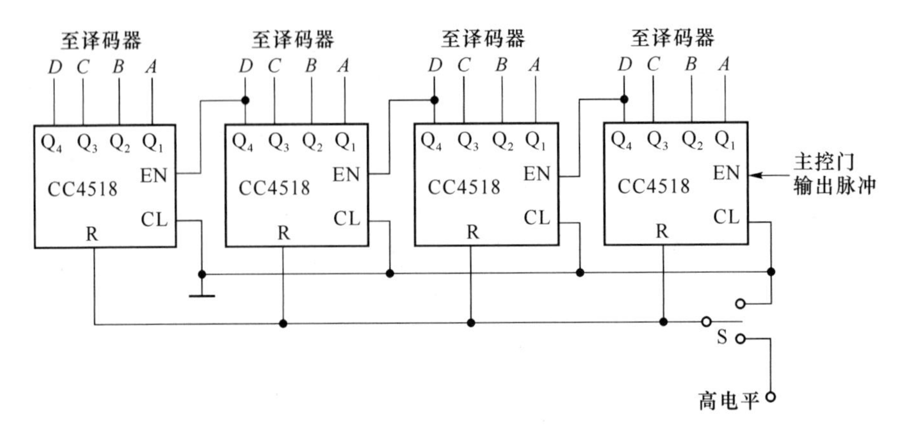

图 4-0-6

计数器的 *EN* 端为计数输入端，*CL* 接低电平。因此，高位的 *EN* 端应与低位的 Q_4 相连。*R* 端为计数器的异步置零端，当开关 *S* 置于上端时，*R* 端为低电平，四级计数器进行加法计数；当 *S* 置于下端时，*R* 端为高电平，四级计数器全部清零。

6. 译码器和数码显示器

译码器将各级计数器的计数结果进行二-十进制译码，并驱动显示器用十进制符号显示出来，如图 4-0-7 所示。

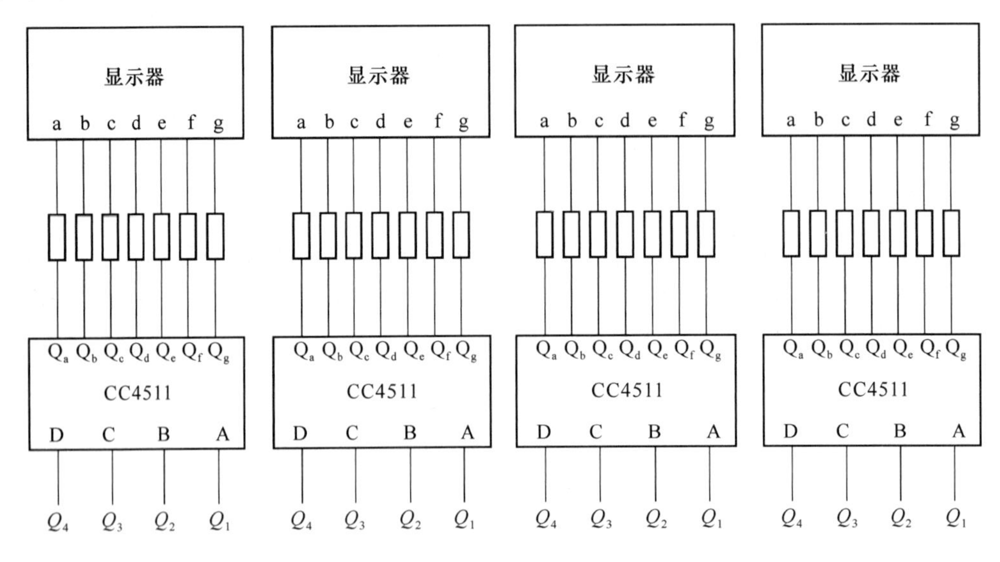

图 4-0-7

图 4-0-7 中，CC4511 为 BCD 七段锁存/译码/驱动器，其输入端 *A*、*B*、*C*、*D* 分别接计数器的输出端 Q_1、Q_2、Q_3、Q_4；输出端 $Q_a \sim Q_g$ 分别接数码显示器的七段 a～g。数码显示器选用七段共阴极半导体显示器 BS205。译码器和显示器之间分别串入七个限流电阻(可选用集成双列排阻)，以防止电流过大而烧坏数码管。

四、安装与调试

为使设计电路达到要求的功能与指标，还需进行电路调试，在调试过程中如发现问题，可以及时进行分析研究，对设计方案进行必要的修改，并通过再调试，使电路更加完善。

1. 电路的安装

在进行数字毫秒计的安装时，应注意以下几点：

(1) 首先根据总逻辑图画出相应的装配图，以确定每个元件在电路中的实际安装位置，并在图上标出每个元器件的型号、参数、管脚编号等，以便检查。

(2) 单元电路的元器件在安装时要相对集中，走线要适当合理，不要过长，更不要迂回绕行。特别是振荡和整形电路部分的元器件，安排要紧凑，走线要尽量短，以免产生自激振荡。

(3) 在组装整体电路时，应注意各单元电路间必须共地，并选用同一颜色的导线(一般用黑色)。

(4) 门控电路中的清零端和计数器的清零端要在同一清零开关上，以便这两部分电路可同时清零。同时要注意 CC4013*D* 触发器和 CC4518 计数器的 *R* 端均为高电平清零，而 CC4518 计数器在利用 *EN* 端作为数据的输入端时，*CL* 端应接地。

(5) 计数器和译码器之间的连接，要认真对照管脚排列图，各部分的输入、输出之间的连接不能搞错。

2. 调试要点

在进行电路的调试时要注意以下几点：

(1) 通电前要对照原理图和装配图仔细检查电路是否正确，特别是集成电路的型号、安插方向和各管教的连线是否正确。在检查无误后用万用表的欧姆挡检查电源的两根进线有无短路现象，正常情况下阻值约为几百欧姆。

(2) 接通 5 V 直流电源后用万用表检查各集成电路的电源是否都加上了，应接高电位的端子其电位是否正常。

(3) 用示波器检查石英晶体振荡器有无振荡。分频电路由三级十进制计数器及一级四分频组成，可用示波器逐级测量其输出波形是否正常。

(4) 门控电路的调试应先将其输出端与主控门断开，将万用表(直流电压挡)接在门控电路的输出端，这时，每按动一次测量按钮，万用表的指针应晃动一次，说明门控电路的工作是正常的。如果万用表没有晃动，则应检查连线是否有错误，再检查二级 *D* 触发器的逻辑功能是否正常，直至找出原因并加以排除。

(5) 检查计数器、译码器和数码显示器电路时，可将 1 kHz 的脉冲信号(幅度为 4～5 V)直接加到第一级的输入端，观察各级计数、译码、显示电路工作是否正常。

(6) 当各部分电路调试正常后，便可将各部分连接起来，然后接通电源并加入被测脉冲，观察毫秒计的工作是否正常。将用数字式频率计测量被测脉冲宽度，与设计电路测量的结构比较，分析测量误差。根据设计要求，误差应小于 1 ms。如果误差太大，则应着重检查其脉冲是否符合要求(周期为 1 ms)，石英晶体振荡器是否输出 1 MHz 的稳定信号。

(7) 检查清零功能和测量结果累加功能。将清零开关接高电平 $+V_{DD}$，这时各级计数器和触发器应同时能清零。如不能清零，应检查各集成电路的 *R* 端接线是否正常；检查测量结果累加时，可按动几次测量按钮，这时显示器应能将每次测量的结果进行累加显示，如果不能累加，则应着重检查门控电路是否正常，检查方法可参照门控电路的调试方法进行。

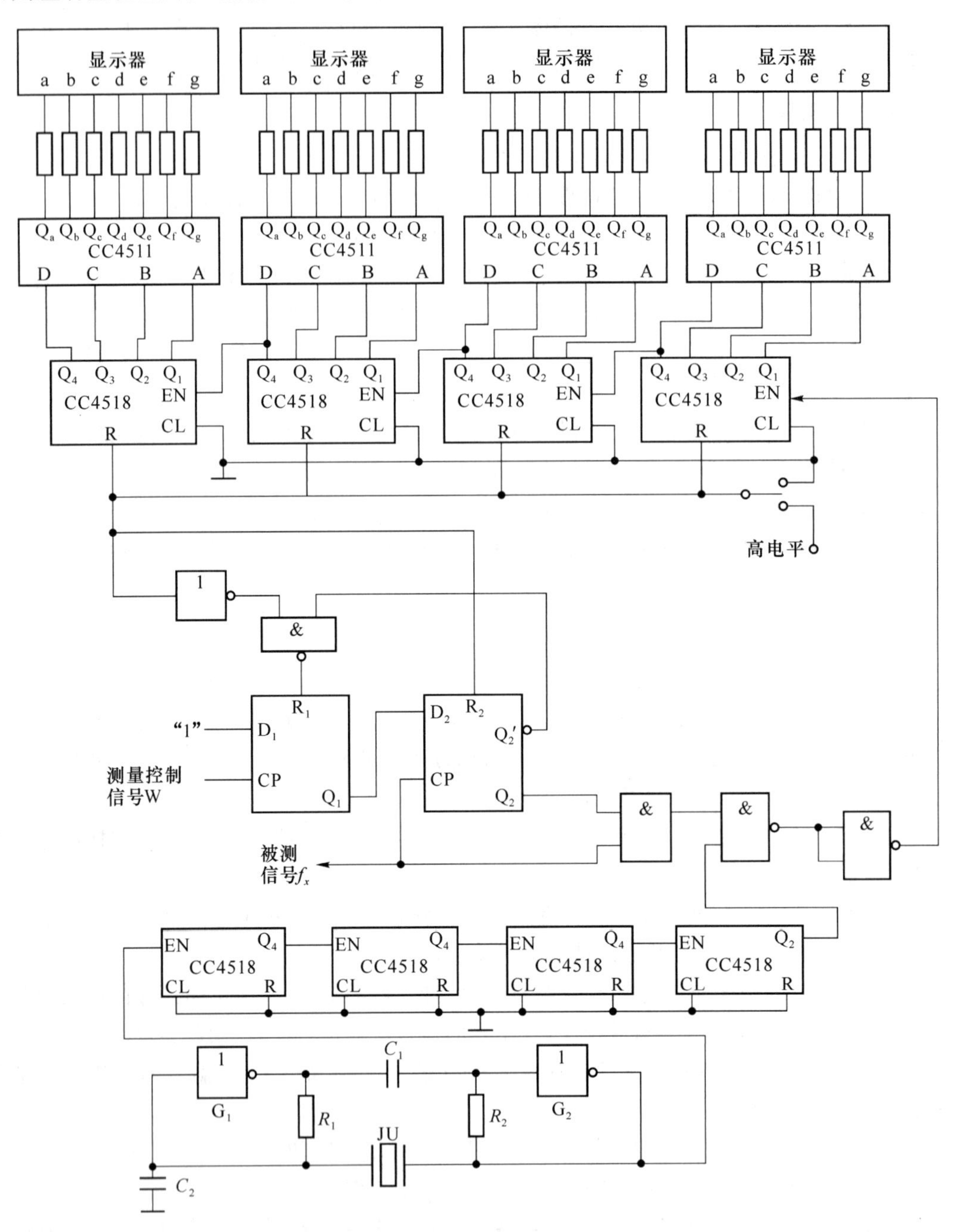

图 4-0-8

课题1　数字电子钟的设计与调试

一、设计指标

(1) 数字电子钟以一昼夜24小时为一个计数周期。

(2) 具有“时”、“分”、“秒”数字显示。

(3) 具有校时功能，分别进行时、分、秒的校正。

二、设计提示及参考电路

数字电子钟是使用十进制数字显示秒、分、时的计时装置，它具有走时准确、信号稳定、使用方便的优点，图4-1-1是其组成框图。

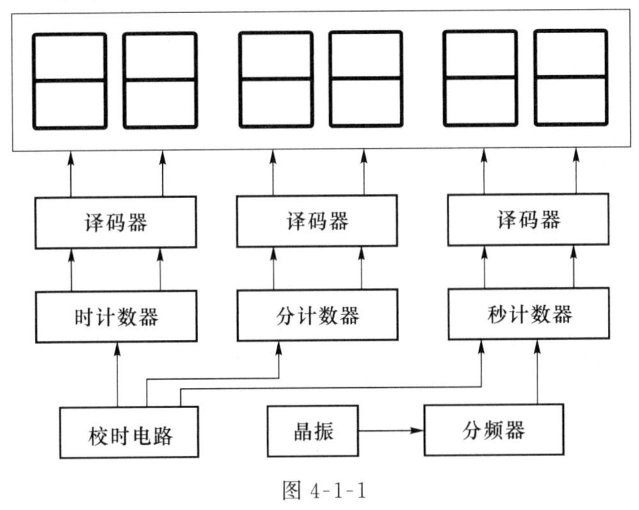

图4-1-1

1. 脉冲产生电路

数字电子钟具有标准的时间源，用它产生稳定的1 Hz脉冲信号，称为秒脉冲，由于它直接影响到计时器走时的准确度，因此采用石英晶体振荡器，并经多级分频电路后获得秒脉冲信号。脉冲产和电路如图4-1-2所示。石英晶体的振荡频率为4 MHz。利用两个非门G_1和G_2自我反馈，使它们工作在线性状态，然后利用石英晶体来控制振荡频率，同时用电容C_1作为两个非门之间的耦合，两个非门输入和输出之间并接的电阻R_1和R_2作为反馈元件用。电容C_2是为了防止寄生振荡。

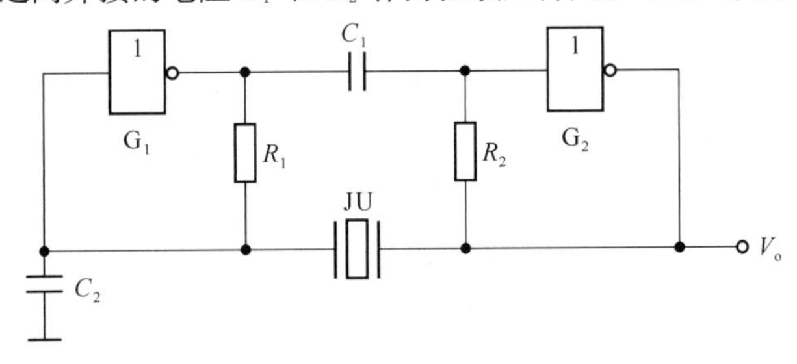

图4-1-2

2. 秒脉冲产生电路(分频电路)

由于石英晶体振荡器产生的频率很高,要得到秒脉冲,需要用分频电路。经过6次十分频及一次4分频可得到1 Hz的秒脉冲。可采用CC4018进行分频。秒脉冲产生电路如图4-1-3所示。

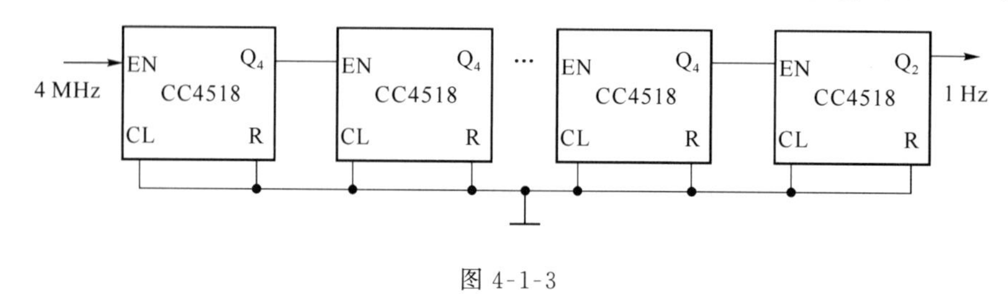

图 4-1-3

3. 计数、译码、显示电路

获得秒脉冲信号后,可根据60秒为1分钟,60分钟为1小时,24小时为一个计数周期的计数规律,分别确定秒、分、时的计数器。由于秒和分的显示均为六十进制,因此它们可以由二级十进制计数器组成,其中秒和分的个位为十进制的计数器,十位为六进制的计数器,可采用反馈归零法来实现。图4-1-4所示使用两片CC4518组成的六十进制计数器。

时计数器应为二十四进制计数器,也可在用两片CC4518集成电路利用反馈归零法来实现。当时计数器输出的第24个进位信号时,时计数器应该复位,即完成一个计数周期。

译码电路可先用BCD—锁存/七段译码/驱动器CC4511,它可以直接驱动液晶显示器。译码显示电路参考第一节设计举例中图4-0-7。

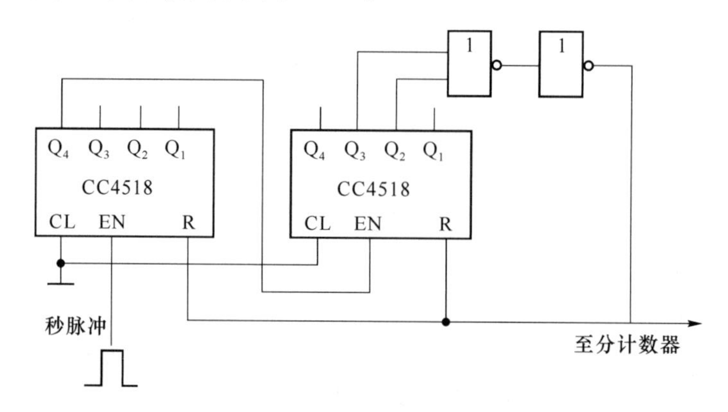

图 4-1-4

4. 校时电路

校时电路的作用是当计数器刚接通电源或走时出现误差时,进行时间的校准。图4-1-5所示是一种实现时、分、秒校准的参考电路。开关S_1、S_2、S_3分别作为时、分、秒的控制开关。S_1、S_2闭合,S_3接G_3门的输入端时,G_1～G_3门的输出均为1,G_4门输出为0,G_5门输出为1,秒信号经过G_6门送至秒个位计数器的输入端,计时器进行正常的计时。

(1) 时校准:当开关S_1打开,S_2闭合,S_3接G_3门的输入端时,G_1门开启,G_2门关闭,秒信号直接经过G_6和G_1门送至时个位计数器,从而使时显示器每秒钟进一个数字,以实现快速校准,校准后将S_1闭合。

(2) 分校准:当开关 S_1 闭合,S_2 打开,S_3 接 G_3 门的输入端时,秒信号只能通过 G_6 和 G_2 门送至分个位计数器,从而使时显示器每秒钟进一个数字,这时分计数器快速计数,校准后将 S_2 闭合。

(3) 秒校准:当开关 S_1、S_2 闭合,S_3 接 G_4 门的输入端时,G_4 门输出为 1,使 G_5 门开启,周期为 0.5 s 的脉冲信号(可由秒脉冲信号分频获得)经过 G_5 和 G_6 门,送至秒个位计数器,从而使每秒计数器的计数速度提高一倍,加快了秒显示器的校准速度。当秒显示器校准后将 K_3 恢复与门的输入端相接,这时计数器的各位显示器将按校准后的时间进行正常计时。

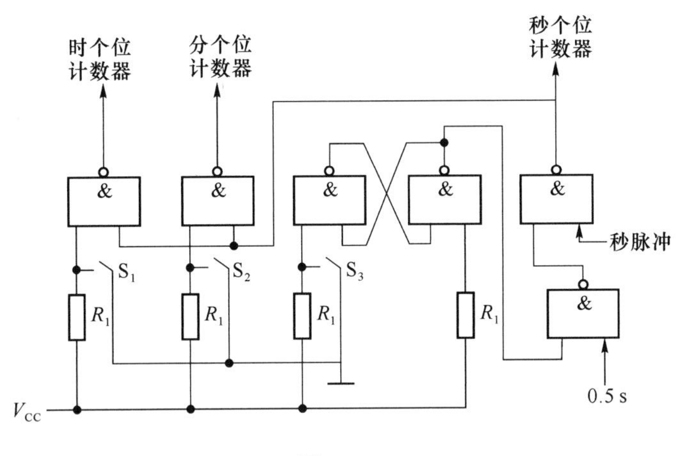

图 4-1-5

5. 整点报时电路

整点报时功能的参考设计电路如图 4-1-6 所示,此电路每当"分"计数器和"秒"计数器计到 59 分 50 秒时便自动驱动音响电路,在 10 秒内发出 5 次鸣叫,每隔一秒叫一次,每次叫声持续 1 秒,并且前四声的叫声低,最后一声音调高,此时计数器指示正好为整点 0 分 0 秒,音响电路采用射极跟随器推动喇叭发声,晶体管的基极串联一个限流电阻,为了防止电流过大,烧坏喇叭。报时时需要的 1 kHz 和 500 Hz 音频信号分别取自前面的多级分频电路。

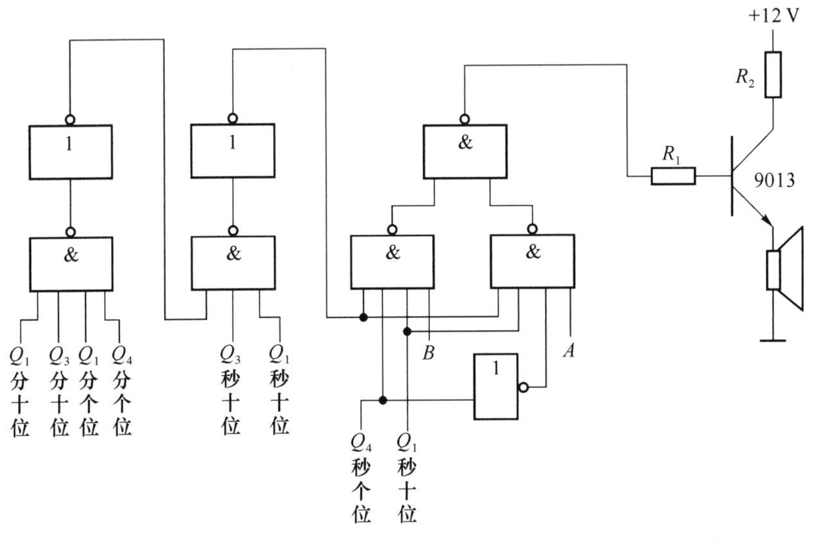

图 4-1-6

三、设计要求

1. 确定数字电子钟的总体设计方案,画出总方框图,划分各单元电路的功能,并进行各单元的设计,画出逻辑图。

2. 选择元器件型号,确定元器件的参数。

3. 画出逻辑图和装配图,并在面包板上组装电路。

4. 自拟调整测试方案步骤,并进行电路调试,使其达到设计要求。

5. 写出总结报告。

6. 用仿真软件进行仿真,查看仿真结果。

课题 2　数字式电容测量仪

电容器在电子线路中得到广泛的应用，它的容量大小对电路的性能有重要的影响，本课题就是用数字显示方式对电容进行测量。

一、设计指标

1. 测量电容的范围为 1～999 μF，用 3 位十进制数字显示。
2. 响应时间不超过 2 s。

二、实验原理

电容测量，利用单稳态触发器或电容器充放电规律等，可以把被测电容的大小转换成脉冲的宽窄，即控制脉冲宽度 T_x 严格与 C_x 成正比。只要把此脉冲与频率固定不变的方波即时钟脉冲相与，便可得到计数脉冲，把计数脉冲送给计数器计数，然后再送给显示器显示。如果时钟脉冲的频率等参数合适，数字显示器显示的数字 N 便是 C_x 的大小。该方案的原理框图如图 4-2-1 所示。

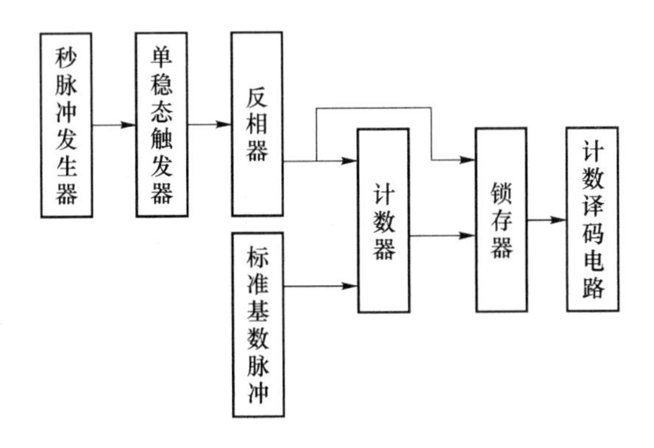

图 4-2-1

三、设计提示及参考电路

1. 秒脉冲发生电路

秒脉冲发生器用以产生周期性的触发、锁存、清零脉冲，使电路完成重复触发、正确计数、稳定显示。该振荡器充放电周期为 $T_P \approx 0.7(R_1+2R_2+R_w)C_1$，调节电位器使 $1\ \text{s} \leqslant T_P \leqslant 1.5\ \text{s}$，$T_P$ 即为电路测量和显示的周期。秒脉冲产生是给 555 定时器的低电平触发端一个脉冲信号使单稳态触发器由稳态变为暂稳态，其输出端 3 由低电平变为高电平。秒脉冲发生电路如图 4-2-2 所示。图 4-2-2 中 $R_1=R_2=47\ \text{k}\Omega$，$R_w=100\ \text{k}\Omega$，$C_1=10\ \mu\text{F}$，$C_2=0.01\ \mu\text{F}$。

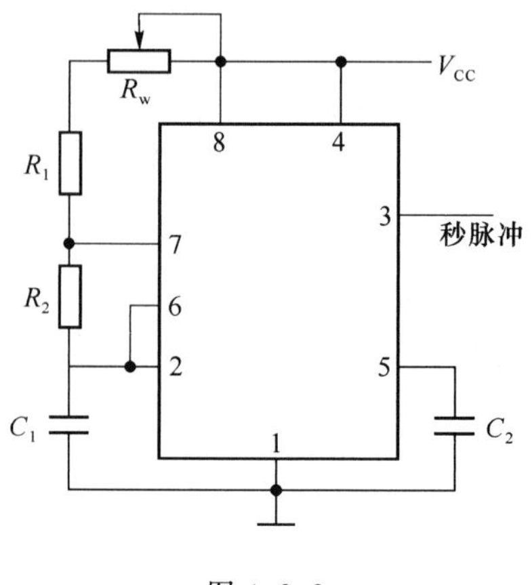

图 4-2-2

2. 单稳态控制电路

秒脉冲产生是给 555 定时器构成的单稳态控制电路的低电平触发端一个脉冲信号使单稳态触发器由稳态变为暂稳态,其输出端 3 由低电平变为高电平。该高电平控制下,使时钟脉冲信号通过,送入计数器计数。暂稳态的脉冲宽度为 $T_x=1.1RC_x$。然后单稳态电路又回到稳态,其输出端 3 变为低电平,从而封锁计数器,停止计数。可见,控制脉冲宽度 T_x 与 RC_x 成正比。如果 R 固定不变,则计数时钟脉的个数将与 C_x 的容量值成正比,可以达到测量电容的要求。由于设计要求,C_x 的变化范围为 1～999 μF,且测量的时间小于 2 s,即 $T_x<2$ s,也就是 C_x 最大(999 μF)时,$T_x<2$ s,根据 $T_x=1.1RC_x$ 可求得:$R<T_x/(1.1C_x)=2/(1.1\times999\times10^{-6})\,\Omega=1\,820\,\Omega$,取 $R_1=1.8$ kΩ。图 4-2-3 中 C_x 为待测电容,$C_1=0.01$ μF。

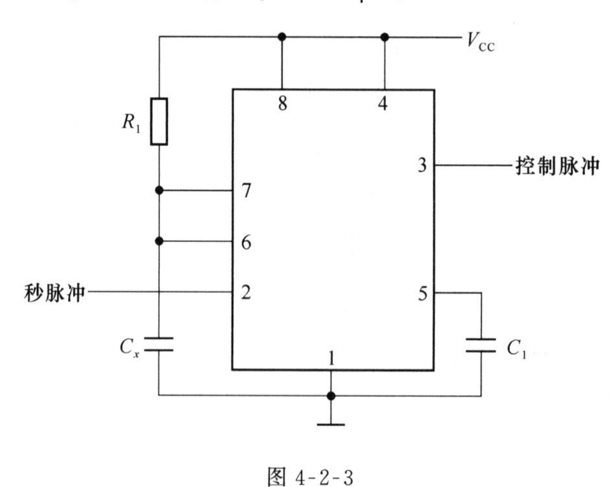

图 4-2-3

3. 时钟脉冲发生器

标准计数脉冲是为量化被测脉宽即电容量值进行计数显示的脉冲,由门脉冲控制进行计数,是计数的最小单位,关系到计数精度。这里选用由 555 定时器及相关电阻电容组成多谐振荡电路来实现时钟脉冲产生功能。电路原理图如图 4-2-3 所示。产生信号周期为

$$T=t_{PL}+t_{PH}\approx0.7(R_1+2R_2)C_1$$

其中，$t_{PH}\approx 0.7(R_1+R_2)C_1$，$t_{PL}\approx 0.7R_2C_1$。

占空比为

$$q=t_{PH}/T=(R_1+R_2)/(R_1+2R_2)$$

因为时钟周期 $T\approx 0.7(R_1+2R_2)C_1$ 是在忽略了 555 定时器 6 脚的输入电流条件下得到的，而实际上 6 脚有 10 μA 的电流流入。因此，为了减小该电流的影响，应使流过的电流最小值大于 10 μA。又因为要求 $C_x=999$ μF 时，$T_x=2$ s，所以需要时钟脉冲发生器在 2 s 内产生 999 脉冲。即时钟脉冲周期应为 $T\approx 2$ ms。即：$T=t_{PH}+t_{PL}=2$ ms，如果选择占空比 $q=0.6$，即 $q=t_{PH}/T=0.6$。由此可求得

$$t_{PH}=0.6T=0.6\times 2\ \text{ms}=1.2\ \text{ms}$$

$$t_{PL}=T-t_{PH}=(2-1.2)\text{ms}=0.8\ \text{ms}$$

取 $C_1=0.1$ μF，则

$$R_2=t_{PL}/0.7C_1\approx 11.43\ \text{k}\Omega$$

$$R_1=t_{PH}/0.7C_1-R_2\approx 5.713\ \text{k}\Omega$$

取标称值：$R_1=5.6$ kΩ，$R_2=12$ kΩ。最后还要根据所选电阻 R_1、R_2 的阻值，校算流过 R_1、R_2 的最小电流是否大于 10 μA。从图 4-2-3 可以看出，当 C_1 上电压 v_{C1} 达到 $2Vcc/3$ 时，流过 R_1、R_2 的电流最小，为

$$i_{R\min}(Vcc-2Vcc/3)/(R_1+R_2)\approx 95\ \mu\text{A}$$

振荡周期

$$T\approx 0.7(R_3+2R_4)C_2=2.07\ \text{ms}$$

可见所选元件基本满足设计要求。为了调整振荡周期，R_1 可选用 5.6 kΩ 的电位器。图 4-2-4 中，$R_1=5.6$ kΩ，$R_2=12$ kΩ，$C_1=0.1$ μF，$C_2=0.01$ μF。

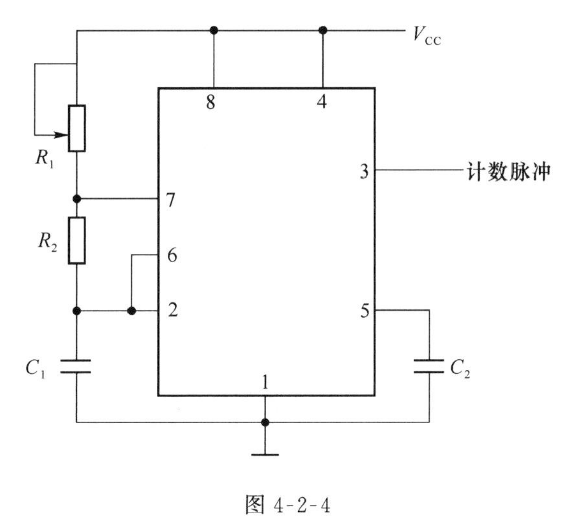

图 4-2-4

4. 计数、锁存、译码和显示电路

由于计数器的计数范围为 1～999，因此需要采用 3 个二-十进制加法计数器。这里选用 3 片 74LS90 级联起来构成所需的计数器。因为 74LS90 的异步清零端为高电平有效，因此，用控制器输出信号经过一个非门接到每个计数器的清零端。如果将计数器输出直接接译码显示，则显示器上的数字就会随计数器的状态不停地变化，只有在计数器停止计数时，显示器上

的显示数字才能稳定，所以需要在计数和译码电路之间设置锁存电路。译码器选用 3 片 74LS47，直接驱动 3 个共阳极数码管。图 4-2-5 为计数、锁存、译码和显示电路。

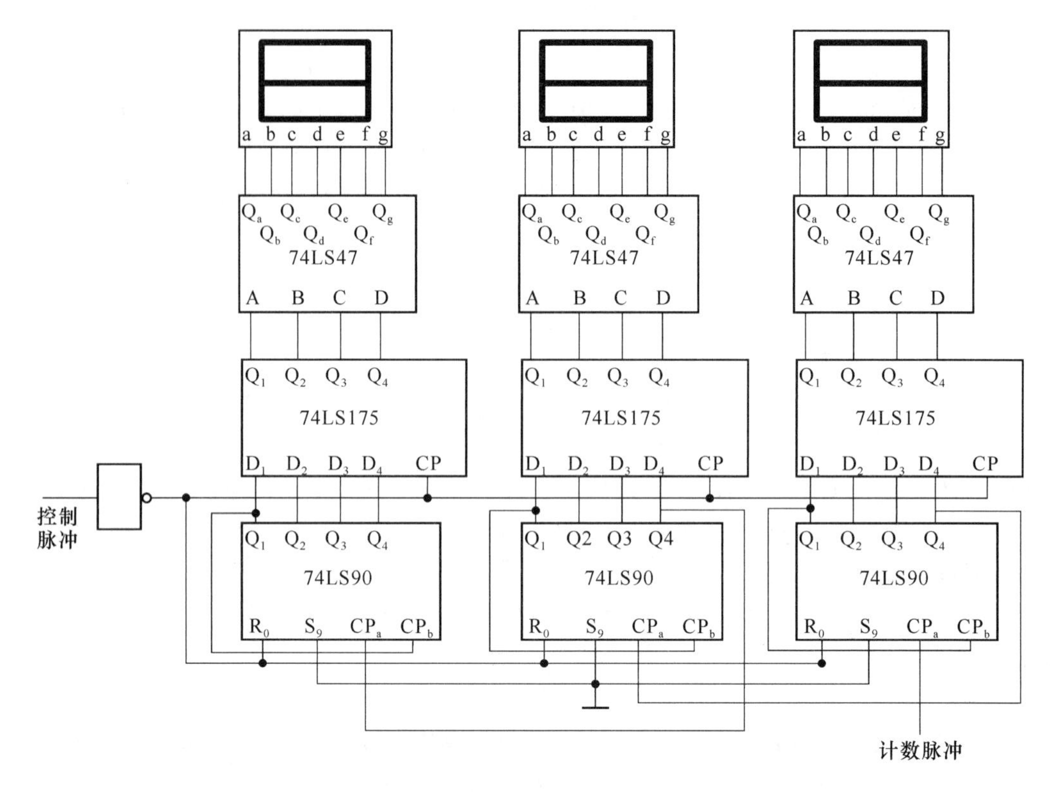

图 4-2-5

四、电容测量仪的调试

将各单元电路整机接好电路，检查无误后即可通电调试。计数、锁存、译码和显示电路只要连接正确，一般都能正常工作，不用调整。主要调试秒脉冲产生电路、时钟脉冲发生器和单稳态控制电路。

用 555 定时器搭接如图 4-2-2 所示电路，用双踪示波器观察输出信号的频率，同时调节电位器使 $1\ \text{s} \leqslant T_p \leqslant 1.5\ \text{s}$，观察波形是否为方波。

调试时钟脉冲发生器，使其振荡频率符合设计要求。用频率计检测电路的输出端，最好用示波器监测波形。调整 R_1 电位器，使输出脉冲频率约为 500 Hz，占空比 $q=0.6$。调试单稳态控制电路。将一个 100 μF 的标准电容接到测试端，通过秒脉冲使单稳态电路产生一个控制脉冲，其脉宽 $T_x=1.1RC_x$，它使时钟脉冲通过并开始计时。如果显示器显示的数字不是 100，则说明时钟脉冲的频率仍不符合要求，可以调节图 4-2-4 中的 R_1 再重复上述步骤，经多次调整直到符合要求为止。

五、设计要求

1. 确定数字式电容测量仪总体设计方案，画出总方框图，划分各单元电路的功能，并进行各单元的设计，画出逻辑图。

2. 选择元器件型号,确定元器件的参数。

3. 画出逻辑图和装配图,并在面包板上组装电路。

4. 自拟调整测试方案步骤,并进行电路调试,使其达到设计要求。

5. 写出总结报告。

6. 用仿真软件进行仿真,查看仿真结果。

7. 如若改变数字式电容测量仪的测量范围,电路中的哪些参数要发生改变?试计算出电容测量范围在 0.01～10 μF,试将改变的元件参数计算出来。

课题3 多路竞赛抢答器设计

一、设计指标

1. 基本功能

(1) 设计一个智力竞赛抢答器,可同时供8名选手或8个代表队参加比赛,各用一个抢答按钮。

(2) 给节目主持人设置一个控制开关,用来控制系统的清零(编号显示数码管灭灯)和抢答的开始。

(3) 抢答器具有数据锁存和显示的功能。

2. 扩展功能

抢答器具有定时抢答的功能。

二、实验原理

1. 多路竞赛抢答器电路的总体设计方案

多路竞赛抢答电路的总体设计参考框图如图4-3-1所示。

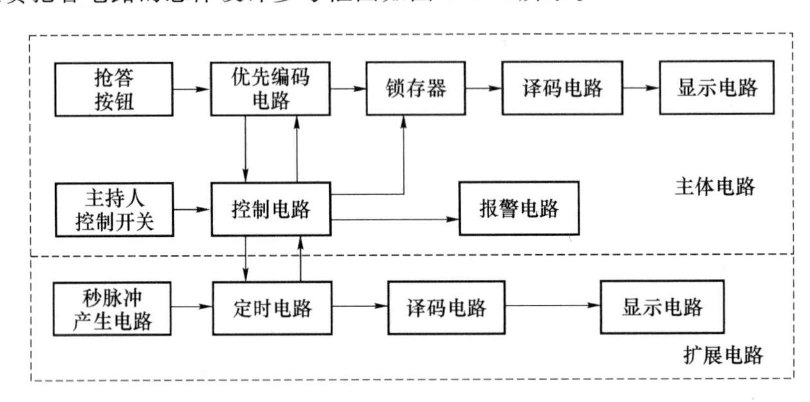

图4-3-1

2. 工作原理

接通电源时,主持人将开关置于"清除",抢答器处于禁止工作状态,编号显示器灭灯,定时显示器显示设定时间。当抢答开始后,主持人将开关置于"开始",抢答器处于工作状态,8线-3线优先编码器开始工作,等待数据输入,若有选手按动抢答按钮,编号立即锁存,并在LED数码管行显示出选手的编号,同时扬声器给出音响提示,表示该组抢答成功。此外,要封锁输入电路,禁止其他选手抢答。优先抢答选手的编号一直保持到主持人将系统清零为止。

抢答器具有定时抢答的功能,且一次抢答的时间可以由主持人设定(如30 s)。当节目主持人启动“开始”键后，要求定时器立即减计时，并用显示器显示，同时扬声器发出短暂的声响，声响持续时间 0.5 s 左右。参赛选手在设定的时间内抢答，抢答有效，定时器停止工作，显示器上显示选手的编号和抢答时刻的时间，并保持到主持人将系统清零为止。如果定时抢答的时间已到，却没有选手抢答时，本次抢答无效，系统短暂报警，并封锁输入电路，禁止选手超时后抢答，时间显示器上显示 00。

三、设计提示及参考电路

1. 抢答电路设计

抢答电路的功能有两个：一是能分辨出选手按键的先后，并锁存优先抢答者的编号，供译码显示电路用；二是要使其他选手按键操作无效。这就保证了抢答者的优先性以及抢答电路的准确性，当优先抢答者回答完问题后，由主持人操作控制开关，使抢答器复位，以便进行下一轮抢答。具体由图 4-3-2 所示几个小电路完成。

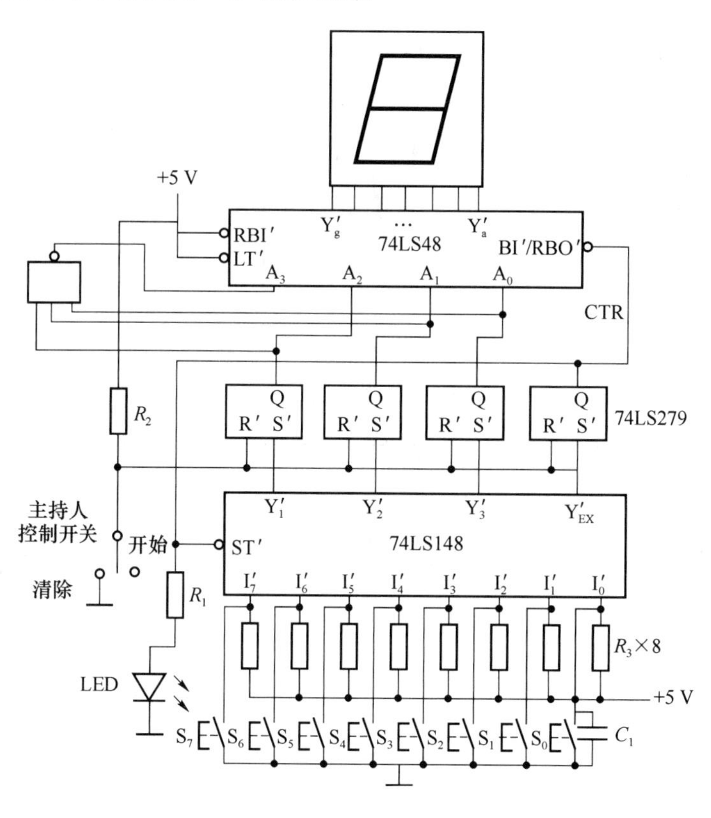

图 4-3-2

(1) 8 线-3 线优先编码电路(74LS148)：此电路完成抢答电路的信号接收和锁存功能，当抢答器按键中的任意按键按下时，使 8 线-3 线优先编码器的输入端出现低电平时，8 线-3 线优先编码器对该信号进行编码，并将编码信号送给 *RS* 锁存器 74LS279。

(2) 锁存器 74LS279：*RS* 锁存器 74LS279 的作用是接收编码器输出的信号，并将此信号锁存，再送给译码显示驱动电路进行数字显示。

(3) 译码显示驱动电路 74LS48：译码显示驱动电路 74LS48 将接收到的编码信号进行译

码，译码后的七段数字信号驱动数码显示管显示抢答成功的组号。

(4) 抢答器按键电路：抢答器按键电路采用简单的常开开关组成，开关的一端接地，另一端通过 10 kΩ 的上拉电阻接高电平，当某个开关被按下时，低电平被送到 8 线-3 线优先编码电路的输入端，8 线-3 线优先编码器对该信号进行编码。每个按键旁并联一个 0.01 μF 的电容，其作用是为了防止在按键过程中产生的抖动所形成的重复信号。

(5) 显示数字的“0”变“8”变号电路：因为人们习惯于用第 1 组到第 8 组表示 8 个组的抢答组号，而编码器是对“0”到“7”8 个数字编码，若直接显示，会显示出“0”到“7”8 个数字，用起来不方便。采用或非门组成的变号电路，将 *RS* 锁存器输出的“000”变成“1”，送到译码器的 A_3 端，使第“0”组的抢答信号变成 4 位信号“1000”，则译码器对“1000”译码后，使显示电路显示数字“8”。若第“0”组抢答成功，数字显示的组号是“8”而不是“0”，符合人们的习惯。由于采用了或非门，所以对“000”信号加以变换时，不会影响其他组号的正常显示。

2. 定时电路的设计

主持人根据抢答题的难易程度，设定一次抢答的时间，通过预置时间电路对计数器进行预置，选用十进制同步加法/减法计数器 74LS192 进行设计，计数器的时钟脉冲由秒脉冲电路 555 定时器的多谐振荡电路提供，如图 4-3-3 所示。

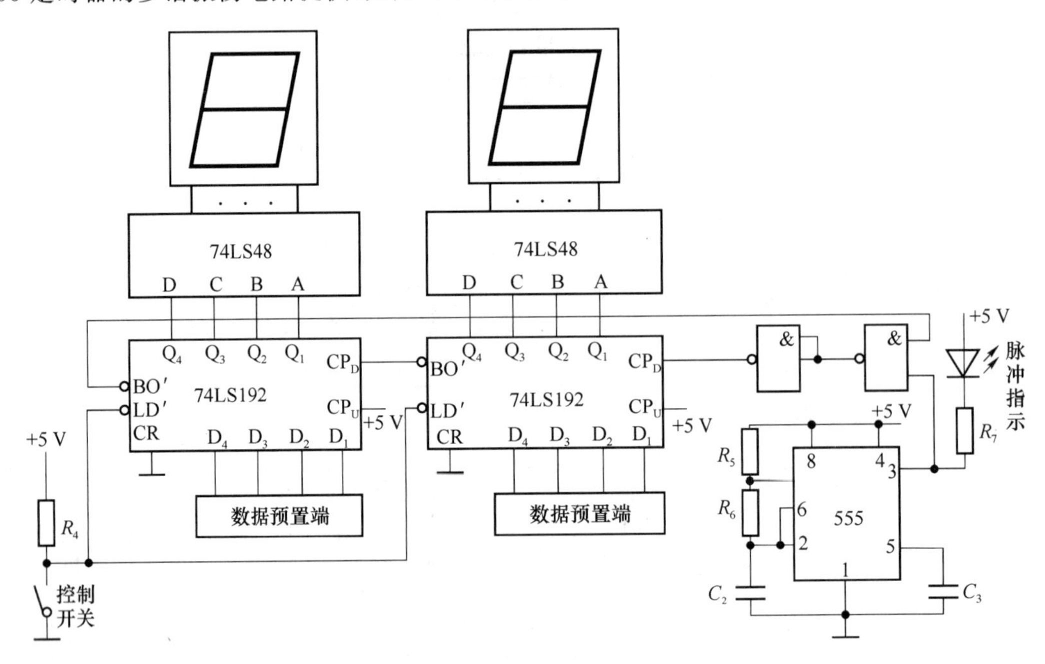

图 4-3-3

3. 报警电路的设计

由 555 定时器和三极管构成的报警电路如图 4-3-4 所示，图 4-3-4 中 R_1、R_2 为外接元件，其输出波形振荡频率为

$$f_0=\frac{1.44}{(R_1+2R_2)C}$$

其输出信号经三极管推动扬声器。*PR* 为控制信号，当 *PR* 为高电平时，多谐振荡器工作，反之，电路停振。

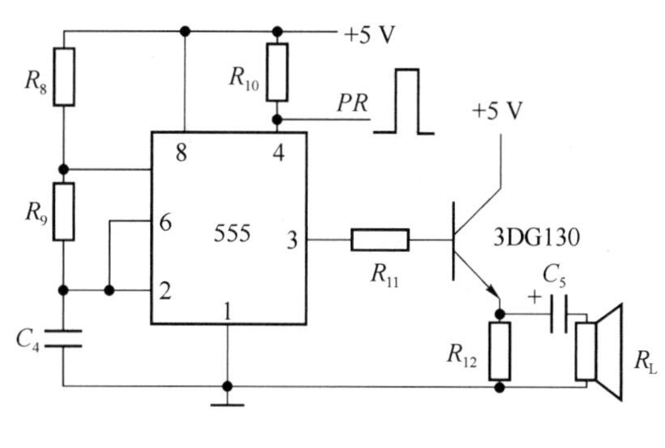

图 4-3-4

4. 抢答控制电路的设计

抢答器控制电路是抢答器设计的关键，它要完成以下功能：

(1) 将控制开关拨到“开始”时，扬声器发声，抢答电路和定时器进入正常抢答工作状态。

(2) 当按动抢答键时，扬声器发声，抢答电路和定时电路停止工作。

(3) 当设定的抢答时间到，无人抢答时，扬声器发声，同时抢答电路和定时电路停止工作。

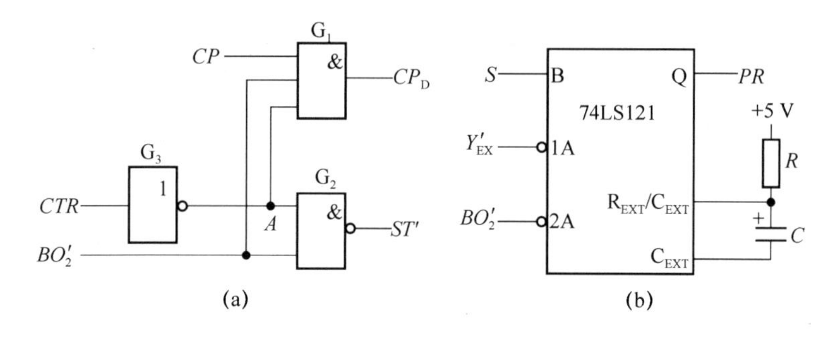

图 4-3-5

根据上面的功能要求，设计的时序电路如图 4-3-5 所示。图 4-3-5 中，门 G_1 的作用是控制时钟信号 CP 的放行与禁止，门 G_2 的作用是控制 74LS148 的输入使能端 ST'。时序控制电路的工作原理是：主持人将开关从“清除”位置拨到“开始”位置，来自图 4-3-2 中的 74LS279 的输出 $CTR=0$，经 G_3 反向，$A=1$，则从 555 输出端出来的时钟信号 CP 加到 74LS192 的 CP_D 时钟输入，定时器进行递减计时，同时在定时时间未到时，来自图 4-3-3 中 74LS192 借位输出端 $BO_2'=1$，门 G_2的输出 $ST'=0$，74LS148 处于正常工作，从而实现功能 1 的要求。当选手在定时时间内按动抢答键时，$CTR=1$，经 G_3 反向，$A=0$，封锁时钟信号 CP，定时器处于保持工作状态，同时门 G_2 的输出 $ST'=1$，74LS148 处于禁止工作，从而实现功能 2 的要求。当定时时间到来时，来自 74LS192 的 $BO_2'=0$，$ST'=1$，74LS148 处于禁止工作，禁止选手进行抢答，同时门 G_1 处于关门状态，封锁 CP 信号，使定时电路保持 00 状态不变，从而实现功能 3 的要求。74LS121 用于控制报警电路及发声时间。

四、设计要求

1. 画出总方框图，划分各单元电路的功能，并进行各单元的设计，画出逻辑图。

2. 选择元器件型号,确定元器件的参数。

3. 画出逻辑图和装配图,并在面包板上组装电路,检查无误后,通电调试检测,在各模块正常工作后,进行模拟抢答比赛,查看各部分电路是否正常。

4. 对出现的故障进行分析,说明解决问题的方法。

5. 写出总结报告。画出总体电路图。

6. 用仿真软件进行仿真,查看仿真结果。

课题 4　电子脉搏计

一、设计指标

设计一个脉搏计，要求实现在 15 s 内测量 1 min 的脉搏数，并且显示其数字。正常人脉搏数为 60～80 次/min，婴儿为 90～100 次/min，老人为 100～150 次/min。

二、设计方案

分析设计题目要求脉搏计是用来测量一个人心脏跳动次数的电子仪器，也是心电图的主要组成部分。由给出的设计技术指标可知，脉搏计是用来测量频率较低的小信号(传感器输出电压一般为几个毫伏)，它的基本功能应该是：

(1) 用传感器将脉搏的跳动转换为电压信号，并加以放大整形和滤波。

(2) 在短时间(15 s)内测出每分钟的脉搏数。

满足上述设计功能可以实施的方案如图 4-4-1 所示。

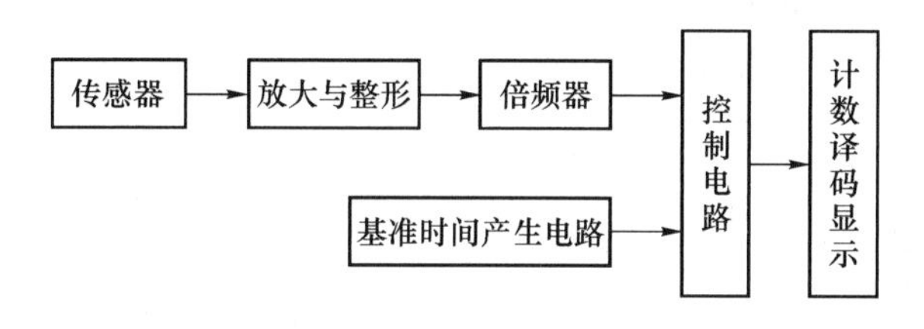

图 4-4-1

图 4-4-1 中各部分的作用如下：

(1) 传感器将脉搏跳动信号转换为与此相对应的电脉冲信号。

(2) 放大与整形电路将传感器的微弱信号放大，整形除去杂散信号。

(3) 倍频器将整形后所得到的脉冲信号的频率提高。如将 15 s 内传感器所获得的信号频率 4 倍频，即可得到对应一分钟脉冲数，从而缩短测量时间。

(4) 基准时间产生电路产生短时间的控制信号，以控制测量时间。

(5) 控制电路用以保证在基准时间控制下，使 4 倍频后的脉冲信号送到计数、显示电路中。

(6) 计数、译码、显示电路用来读出脉搏数，并以十进制数的形式由数码管显示出来。

(7) 电源电路按电路要求提供符合要求的直流电源。

上述测量过程中，由于对脉冲进行了 4 倍频，计数时间也相应地缩短了 4 倍(15 s)，而数码管显示的数字却是 1 min 的脉搏跳动次数。用这种方案测量的误差为±4 次/min，测量时间越短，误差也越大。

三、设计提示及参考电路

1. 放大与整形电路

如上所述，此部分电路的功能是由传感器将脉搏信号转换为电信号，一般为几十毫伏，必须加以放大,以达到整形电路所需的电压,一般为几伏。放大后的信号波形是不规则的脉冲信号,因此必须加以滤波整形,整形电路的输出电压应满足计数器的要求。所选放大整形方案电路框图如图 4-4-2 所示。

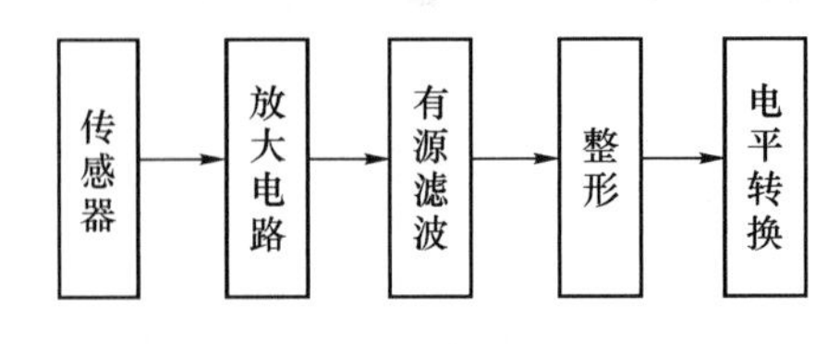

图 4-4-2

(1) 传感器

传感器采用了红外光电转换器,作用是通过红外光照射人的手指的血脉流动情况,把脉搏跳动转换为电信号,其原理电路如图 4-4-3 所示。

图 4-4-3 中,红外线发光管 VD 采用 TLN104,接收三极管 VT 采用 TLP104。用+5 V 电源供电,R_1 采用 500 Ω,R_2 采用 10 kΩ。

(2) 放大电路

由于传感器输出电阻比较高,故放大电路采用了同相放大器,如图 4-4-4 所示,运放采用了 LM324,放大电路的电压放大倍数为 10 倍左右,电路参数如下:$R_4=100$ kΩ, $R_5=910$ kΩ, R_3 为 10 kΩ 电位器,$C_1=100$ μF。

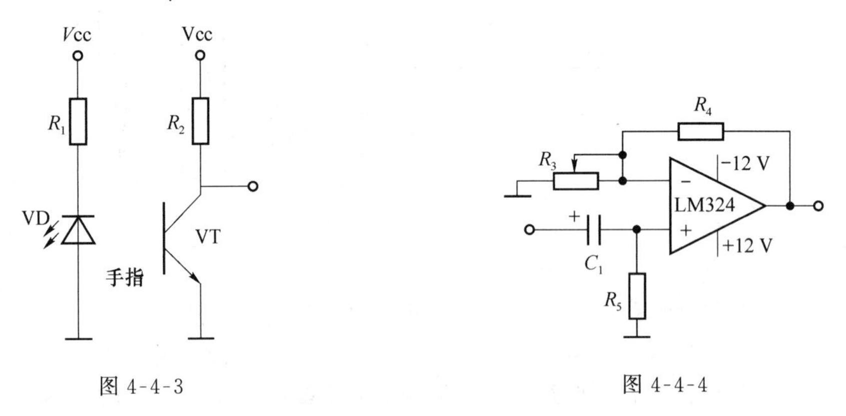

图 4-4-3　　图 4-4-4

(3) 有源滤波电路

采用了二阶压控有源低通滤波电路,如图 4-4-5 所示,作用是把脉搏信号中的高频干扰信号去掉,同时把脉搏信号加以放大。考虑到去掉脉搏信号中的干扰尖脉冲,所以有源滤波电路的截止频率为 1 kHz 左右。为了使脉搏信号放大到整形电路所需的电压值,通常电压放大倍数选用 1.6 倍左右。集成运放采用 LM324。

(4) 整形电路

经过放大滤波后的脉搏信号仍是不规则的脉冲信号,且有低频干扰,仍不满足计数器的要求,必须采用整形电路,这里选用了滞回电压比较器,如图 4-4-6 所示,其目的是为了提高抗干扰能力,集成运放采用了 LM339,其电路参数如下:$R_{10}=5.1$ kΩ,$R_{11}=100$ kΩ, $R_{12}=5.1$ kΩ。

(5) 电平转换电路

由比较器输出的脉冲信号是一个正负脉冲信号,不满足计数器要求的脉冲信号,故采用电平转换电路。

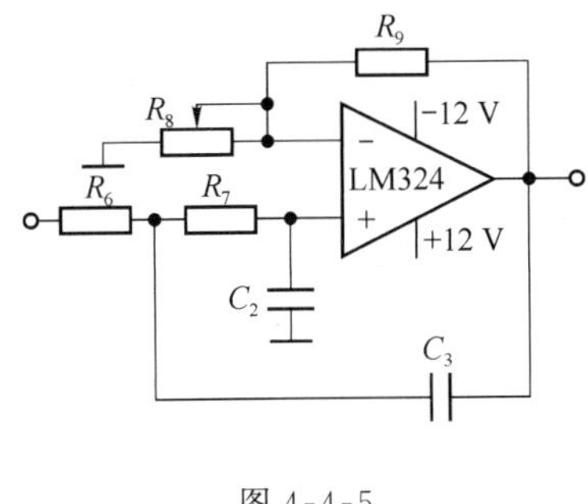

图 4-4-5

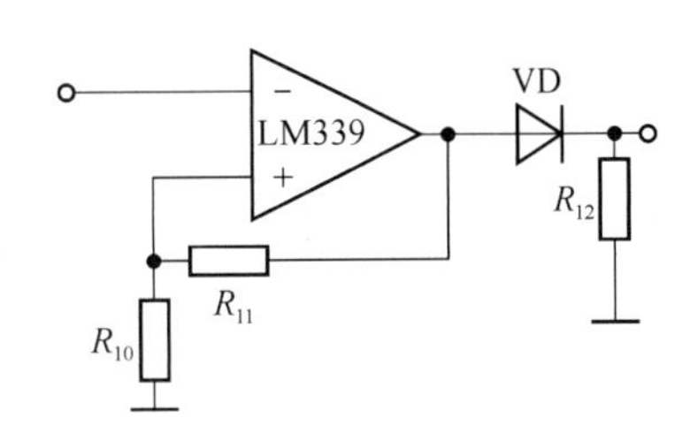

图 4-4-6

2. 倍频电路

该电路的作用是对放大整形后的脉搏信号进行 4 倍频，以便在 15 s 内测出 1 min 内的人体脉搏跳动次数，从而缩短测量时间，以提高诊断效率。本实验采用异或门组成的 4 倍频电路，如图 4-4-7 所示。

G_1 和 G_2 构成二倍频电路，利用第一个异或门的延迟时间对第二个异或门产生作用。电容器 C 的作用是为了增加延迟时间，从而加大输出脉冲宽度。根据实验结果选用 $C_4=0.047\ \mu F$，$R_{13}=R_{14}=16\ k\Omega$。由两个二倍频就构成了四倍频电路。其中异或门选用 74LS86。

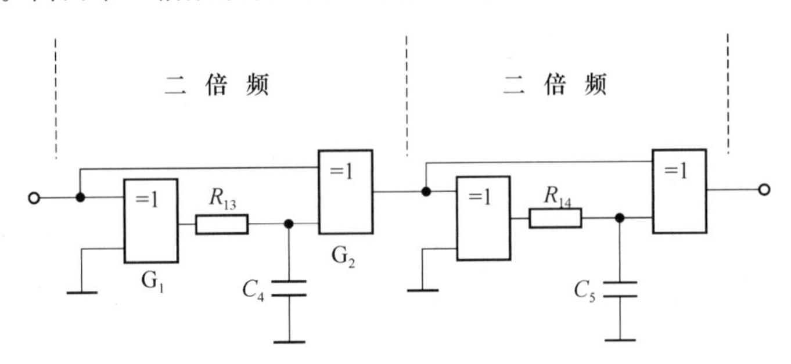

图 4-4-7

3. 基准时间产生电路

基准时间产生电路的功能是产生一个周期为 30 s(即脉冲宽度为 15 s)的脉冲信号，以控制在 15 s 内完成一分钟的测量任务。采用如图 4-4-8 的方案。由框图可知，该电路由秒脉冲发生器、十五分频电路和二分频电路组成。

(1) 秒脉冲发生器

其电路如图 4-4-9、图 4-4-10 所示，为了保证基准时间的准确，因此采用石英晶体振荡器，并经多级分频电路后获得秒脉冲信号。从电路的的体积、成本以及分频方便考虑，通常采用石英晶振频率为 32 768 Hz，反相器采用 CMOS 器件，振荡频率基本等于石英晶体的谐振频率，改变 C_7 的大小对振荡频率有微调作用，图 4-4-9 中 $R_{15}=51\ k\Omega$，$R_{16}=51\ k\Omega$，$C_6=56\ pF$，$C_7=3\sim56\ pF$，反相器用 CC4060 中的反相器。选用 CC4060 芯片对 32 768 Hz 进行 14 次二分频，产生一个 2 Hz 的频率，再用 74LS74D 触发器进行二分频得到周期为 1 s 的脉冲信号。

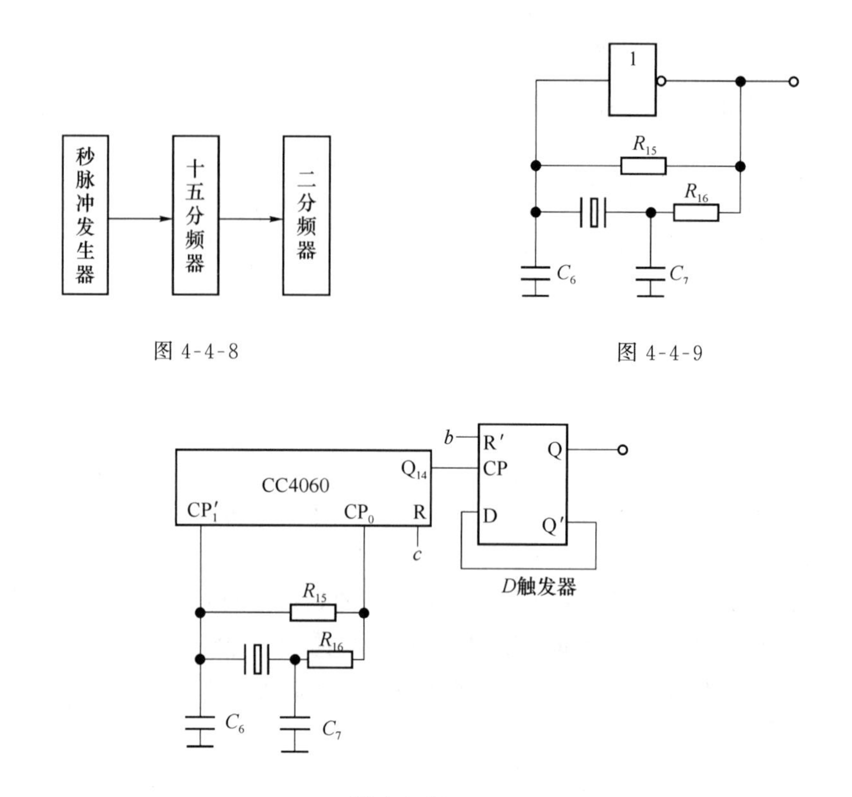

图 4-4-8

图 4-4-9

图 4-4-10

（2）十五分频和二分频

其电路如图 4-4-11 所示，由 74LS161 组成十五进制计数器，进行十五分频，再用 74LS74*D* 触发器进行二分频产生一个周期为 30 s 的方波，即一个脉宽为 15 s 的脉冲信号。

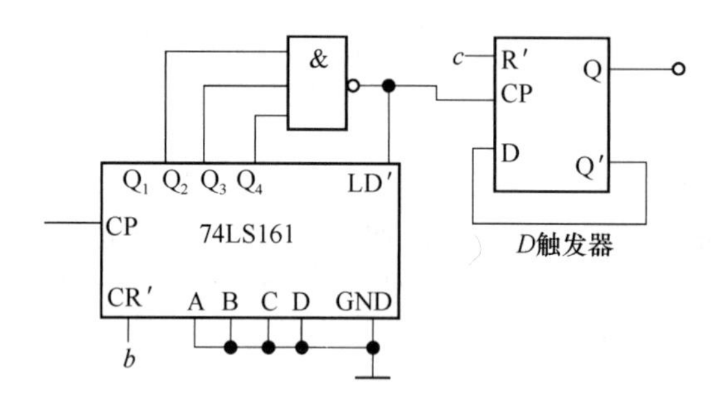

图 4-4-11

4. 计数译码显示电路

该电路的功能是读出脉搏数，以十进制数的形式用数码管显示出来。因为人的脉搏数最高是 150 次/min，所以采用 3 位十进制计数器即可。该电路用双 BCD 同步十进制计数器 CC4518 构成 3 位十进制加法计数器，用 CC4511BCD-七段译码器译码，用七段数码管完成七段显示。电路图如图 4-4-12 所示。

5. 控制电路

控制电路的作用主要是控制脉搏信号经放大、整形、倍频后进入计数器的时间，另外还应具有为各部分电路清零等功能。具体电路图如图 4-4-13 所示。在图 4-4-13 中清零信号 *a* 控制计数器 CC4518 的清零端，清零信号 *b* 控制十五分频器 74LS161 的清零端。清零信号 *c* 控制 *D* 触发器和十四分频器 CC4060 的清零端。

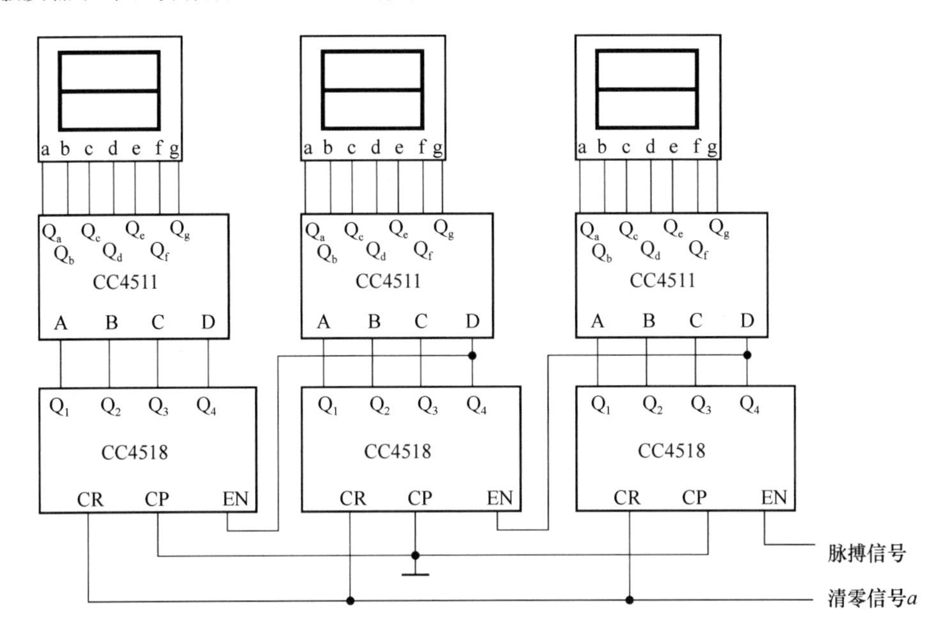

图 4-4-12

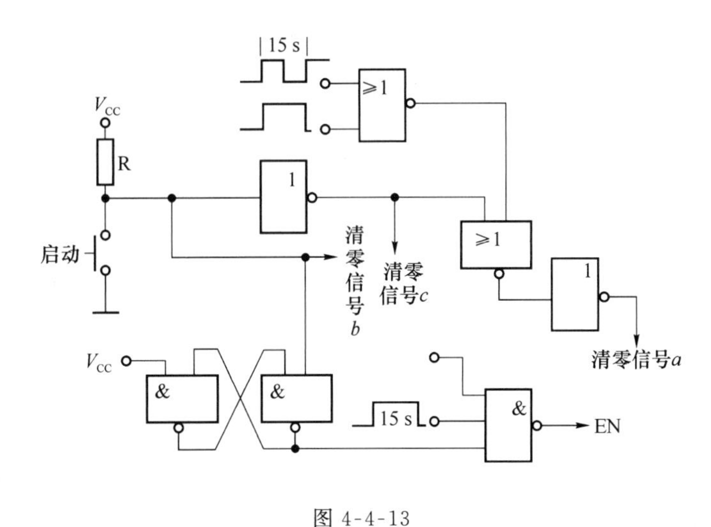

图 4-4-13

四、设计要求

1. 画出总方框图，划分各单元电路的功能，并进行各单元的设计，画出逻辑图。
2. 画出逻辑图和装配图，并在面包板上组装电路，检查无误后，通电调试检测，在各模块正常工作后，进行模拟测试，查看各部分电路是否正常。

3. 对出现的的故障进行分析，说明解决问题的方法。

4. 写出总结报告。画出总体电路图。

5. 用仿真软件进行仿真，查看仿真结果。

6. 说明由集成运放组成的电压放大电路、有源滤波电路、电压比较器的设计方法及参数计算。

7. 详细说明控制电路的工作原理。

课题 5　数字逻辑笔

在数字电路测试、调试和检修时，经常需要对电路中的某点的逻辑状态进行测试，有时需要对某点施加逻辑电平，若使用万用表、示波器、电源和信号发生器等实现上述工作很不方便，而简单方便、灵活多用的数字逻辑笔是将上述仪器集中于一起的逻辑测试工具，其外形与钢笔相似，使用逻辑探头进行测试或输出，利用数字逻辑笔可以大大缩短数字电路的测试时间。因此数字逻辑笔已经越来越受到使用者的喜爱。本课题就是要完成用于 TTL 逻辑门电路的数字逻辑笔的电路设计。

一、设计要求及技术指标

设计一个数字逻辑笔，功能如下：

1. 基本功能

测试/输出高电平、低电平或高阻。用按键循环选择测试或输出工作状态的切换（输出低电平→测试→输出高电平→测试），用一个发光二极管显示工作状态（测试或输出），用蜂鸣器（或另一个发光二极管）发出不同频率的音响（或闪动），指示测试结果/输出状态。

2. 扩展功能（选做）

测试/输出正或负脉冲或连续脉冲，过载保护和报警显示。

3. 技术指标

测试/输出高电阻≥10 Ω，高电平 ≥2.4 V，低电平≤0.8 V。

二、根据逻辑笔的功能，设计电路并安装调试

1. 根据设计指标画出总体电路框图。
2. 根据框图设计出各单元的电路，要求计算参数，选择适当的器件。
3. 在面包板上将各个单元电路连接成总体电路，通电后进行模拟操作，找出电路中存在的问题，并进行调试，进行总体性能分析。

三、设计扩展功能并进行通电调试

四、利用计算机软件进行性能仿真

找出电路不足之处，与实际电路分析结果进行比对，并进一步调整参数，优化电路。

五、撰写实验报告

要求在报告中详细阐述参数的计算过程、结果以及设备和芯片选型的原则和理由。解决问题的思路和具体措施。

附录 A

常用电子元器件知识

电子产品是由各种电子元器件组成的，随着电子技术的不断发展，电子元器件的品种、规格越来越多。如何在品种繁多的电子元件中选出所需的元件，如何识别手中元件的种类和规格？这就需要掌握电子元件的一系列技术标准。这里介绍一些常用元器件的基本知识。

一、电阻

1. 电阻的分类及命名

电阻是最常用、最基本的电子元件之一。电阻在电路中的主要用途是：分压、限流充当负载。由于新材料、新工艺的不断发展，电阻的品种不断增多，因此对电阻进行分类就显得十分重要。较常用的分类方法是将电阻分为固定电阻和电位器。电位器是一种具有三个接头的可变电阻器，在使用中通过调节电位器的可调端，使电阻值在最大与最小之间变化。

它们的符号如图 A-1 所示。

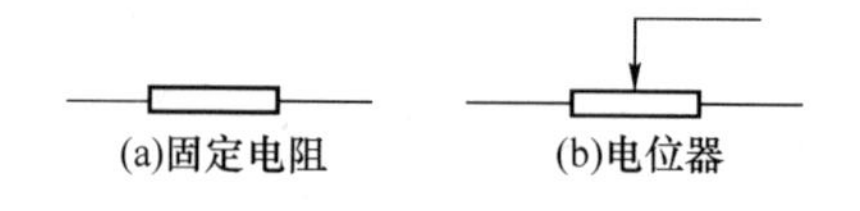

图 A-1

国产电阻器的命名由四部分组成：第一部分为元件主称，由字母 R 表示；第二部分由字母表示电阻体使用材料；第三部分由数字或字母表示电阻器的基本性能；第四部分用数字表示每一种类电阻器中的序号。第一、二、三部分如表 A-1(a)、(b)所示。

表 A-1(a)

RC	沉积膜电阻器	RG	光敏电阻器	RH	合成碳膜电阻器
RHZ	高阻合成膜电阻器	RHY	高压合成膜电阻器	RHZZ	真空兆欧合成膜电阻器
RI	玻璃釉膜电阻器	RJ	金属膜电阻器	RJJ	精密金属膜电阻器
RM	压敏电阻器	RN	无机实芯电阻器	RR	热敏线绕电阻器
RS	有机实芯电阻器	RT	碳膜电阻器	RTCP	超高频碳膜电阻器
RTL	测量用碳膜电阻器	RTX	小型碳膜电阻器	RX	线绕电阻器
RXJ	精密线绕电阻器	RXQ	酚醛涂层线绕电阻器	RXY	被釉线绕电阻器
RXYC	耐潮被釉线绕电阻器	RY	氧化膜电阻器		

表 A-1(b)

1	2	3	4	5	7	8	9	G	T
普通	普通	超高频	高阻	高温	精密	高压	特殊	高功率	可调

2. 电阻器的性能指标

(1) 额定功率。所谓额定功率是指在正常条件下电阻器上允许消耗的最大功率。它分 19 个等级,常用的有 0.25 W、0.5 W、1 W、2 W、4 W、S W、10 W、20 W 等。电路图中,若不作说明,电阻的额定功率一般为 1/16～1/8 W,较大功率时用文字标识或用符号表示,如图 A-2 所示。

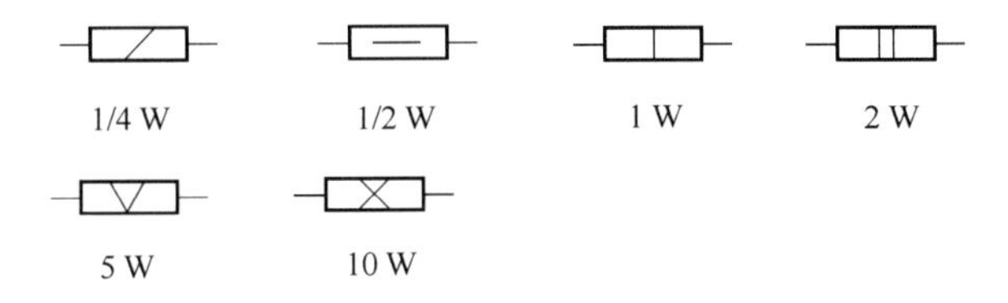

图 A-2

(2) 标称阻值。标称阻值是产品标志的"名义"阻值,它标志在电阻器上。电阻的基本单位是欧[姆](Ω),在工程中经常用到的单位还有 kΩ 和 MΩ。1 kΩ=10^3 Ω,1 MΩ=10^3 kΩ=10^6 Ω。实际应用中,电阻的阻值、允许偏差等参数通常直接标注在电阻的表面以便使用。常用的标注方法有以下三种:

① 直接法:直接法是指在元件表面直接标志出它的主要参数和技术性能的一种标注方法。如某电阻上标志 4.7 k,即表示此电阻的标称阻值为 4.7 kΩ。

② 文字符号法:文字符号法是将需要标志出的主要参数与技术性能用文字、数字符号两者有规律地结合起来标注在元件上的一种方法。这个方法中,文字符号既表征了单位,又指示了小数点的位置。如 4 k7,字母 k 既表示此电阻的单位是 kΩ,又指示在 4 和 7 之间有一个小数点。所以,该电阻的标称阻值为 4.7 kΩ。比较特殊的是 R10、1R1 这种标注,其实在这里 R 只表示小数点的位置,即 R10 表示 0.1 Ω,1R1 表示 1.1 Ω。

③ 色标法:色标法是指用不同颜色的环(或点)在产品表面上标志出产品的主要参数的标注方法。电阻、电容的标称值、允许偏差及工作电压均可用相应的颜色标注。各种颜色表示的数值见表 A-2。该色码表在电子领域应用十分广泛,非常重要。要求背熟、记牢。

对于固定电阻来说,常用 4 位或 5 位色环来标志其阻值和允许误差。4 位色环表示法如图 A-3(a)所示,5 位色环表示法如图 A-3(b)所示。

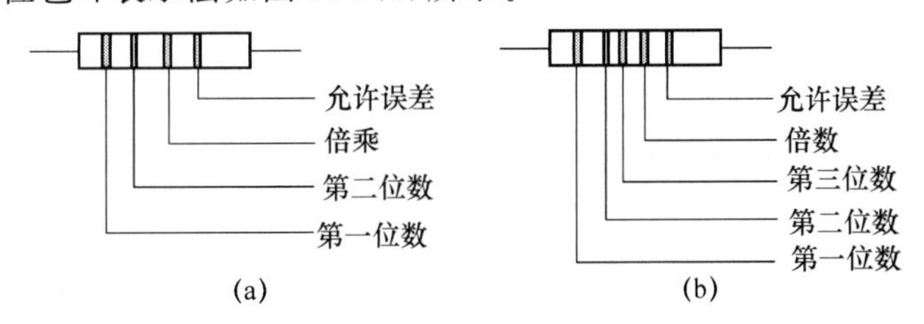

图 A-3

在靠近电阻器的一端画四或五道色差常用色环来表示。其中第一至第三道色环都表示其相应位数的数字。第四道色环表示前面数字乘以 10^n 次。第五道色环表示组织的容许误差。

表 A-2 为各种色环所代表的数字、倍乘及容许误差。

表 A-2

颜色	有效数字	乘数	容许误差%
银	—	10^{-2}	±10
金	—	10^{-1}	±5
黑	0	10^{0}	—
棕	1	10^{1}	±1
红	2	10^{2}	±2
橙	3	10^{3}	—
黄	4	10^{4}	—
绿	5	10^{5}	±0.5
蓝	6	10^{6}	±0.05
紫	7	10^{7}	±0.1
灰	8	10^{8}	—
白	9	10^{9}	+5/−20
无色	—	—	±20

任何固定电阻器的阻值都应符合表 A-3 所列数值乘以 10^n Ω,其中 n 为正整数或负整数。

表 A-3

系列代号	标称阻值	容许误差
E6	10 15 22 33 47 68	±20%
E12	10 12 15 18 22 27 33 39 47 56 68 82	±10%
E24	10 11 13 15 16 18 20 22 24 27 30 33 36 43 47 51 56 62 68 75 82 91	±5%

表 A-4 为电阻器的精度等级表。

表 A-4

级别	005	01	02	Ⅰ	Ⅱ	Ⅲ
容许误差	±0.5%	±1%	±2%	±5%	±10%	±20%

依据以上命名法,可以正确地读出一个电阻的阻值及其相关内容。

读色环电阻时,首先应该识别第一位色环,一般来说,第一位色环距离电阻头较近。读的时候千万不能读错。标称阻值=有效数字×倍率,容许误差直接由容许误差环读出。有的电阻表面只有 3 条色环,这个电阻其实用的是 4 位色环表示法,只不过它的容许误差环为本色,即容许误差为±20%。

固定电阻的色标举例:

- 标称阻值为 27 kΩ,允许误差±5%,其表示为红紫橙金。
- 标称阻值为 17.5 Ω,允许误差±1%,其表示为棕紫绿金棕。
- 标称阻值为 47 kΩ,允许误差±20%,其表示为黄紫橙。(三环电阻,第四环为本色,容许误差±20%)

3. 电阻的选用

选用电阻时,可以从以下几个方面着手进行考虑。

(1) 熟悉电路,掌握电路对电阻元件的技术要求。不同的电路,对电阻元件在技术上有不同的要求,有的要求电阻具有较强的过载能力,有的要求电阻具有优良的高频特性,有的则要求较高的精度,使用时应根据电路要求的不同选择合适的电阻。

(2) 优先选用通用型电阻以及较疏的标称阻值系列。在生产和维修工作中,总要储备一定数量的电阻以供随时选用,在能够满足正常工作的前提下,优先选用最疏系列,这样,储备电阻的品种少,不仅方便管理,而且比较经济。

(3) 选用电阻的额定功率必须大于实际承受功率。为了保证电阻正常工作而不致烧毁,必须使它承受的功率不超过其额定功率。通常选用额定功率大于实际承受功率两倍以上的电阻。

(4) 在高增益前置放大器电路中,应选用噪声小的电阻。

(5) 根据电路工作频率,正确选择电阻的种类。

(6) 根据电路对温度稳定性的要求,选择温度系数不同的电阻。

(7) 根据安装位置、工作环境等选用电阻。

二、电容

电容也是最常用、最基本的电子元件之一。在电路中,电容可用于隔直流通交流、滤波、调谐、耦合、旁路或与电感线圈组成振荡回路等。

1. 电容的分类

(1) 按照结构方式分类

电容可以按照容量是否可以调整,按结构方式分成固定电容和可变电容两大类。电容符号如图 A-4 所示。

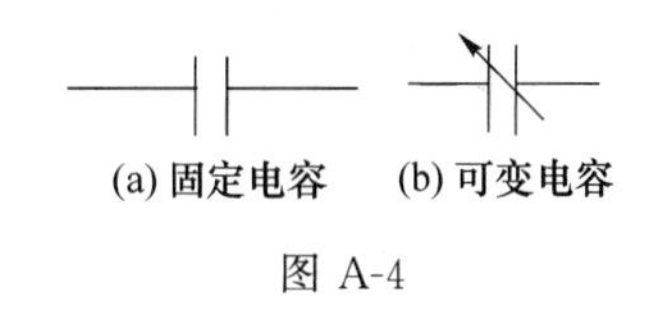

图 A-4

- 固定电容——这类电容的容量不能改变。大多数电容都是固定电容。
- 可变电容——这种电容的容量可在一定的范围内调节。它通常用于一些需要经常调整的电路中。

(2) 按介质材料分类

实际上,电容的电性能、结构和用途在很大程度上取决于所用的电介质,因此电容按所用电介质可分为以下几类。

① 纸介电容和金属化纸介电容:纸介电容是以电容纸作为介质,铝箔作电极的卷绕式电容。其特点是:容量大,体积小,工作电压范围宽,制作工艺简单,成本低。但容量精度不易控制,损耗较大,化学稳定性差,容易老化,温度系数大,热稳定性差,频率特性差,自身电感量大。金属化纸介电容由于在工艺和材料上采取了一系列措施,发挥了纸介电容的特点,克服了纸质电容的部分缺点。它最大的优点是具有弱击穿自愈的能力。

② 有机薄膜电容:包括聚苯乙烯薄模电容、聚四氟乙烯薄膜电容、聚碳酸脂薄膜电容等。

聚苯乙烯薄膜电容是以非极性的聚苯乙烯薄膜为介质制成的电容。这种电容具有优良的电性能，绝缘电阻很高，介质损耗、电参数随温度和频率的变化很小，电容量的温度系数约为 $-(125\pm80)\times10^{-6}/℃$，电容量精度很高。基于以上优点，应用十分广泛。其缺点是耐热性较差，许多聚苯乙烯薄膜电容的环境温度上限为 55 ℃。另外，它的耐潮性也较差。

聚四氟乙烯薄膜电容是以非极性的聚四氟乙烯薄膜为介质制成的电容。聚四氟乙烯薄膜电容具有优异的电性能。它的损耗小，绝缘电阻很高，单参数的温度和频率特性十分稳定，尤其突出的是它的耐热性很好，在－150～＋200 ℃的条件下可以连续工作。但是由于聚四氟乙烯材料价格很贵，所以没有得到广泛的应用。

③ 瓷介电容是以陶瓷材料为介质，并在其表面烧渗上银层作为电极的电容。由于陶瓷材料具有优异的电气性能，同时材料来源丰富，价格低廉，因此由它制作的瓷介电容，品种越来越多，应用也越来越广泛。瓷介电容有许多明显的优点：体积小；具有很好的稳定性；具有优良的绝缘性，适合傲温度补偿电容；结构简单，材料丰富，便于大量生产。缺点是机械强度低，易碎易裂。市面上常见的独石电容是一种多层结构的陶瓷电容，体积小，容量大，耐高温且性能稳定。

④ 云母电容是以云母作为介质，由金属箔或在云母表面喷银构成电极，按所需容量叠片后经浸压塑在胶木壳内构成的电容。云母电容具有很好的电气性能，在高电压、大功率的场合下，得到广泛的应用。主要优点是：损耗小、频率稳定性好、高频特性好、分布电感很小。但是，由于天然云母材料有限，当其他种类的电容可以满足性能要求时，就常用它们来代替云母电容。

⑤ 电解电容是以金属板上的一层极薄的氧化膜作为介质，金属极片作为电容的正极，负极是固体或非固体的电解质。一般电解电容有正、负极之分，即有极性。当将电解电容接入电路时，正极必须接到直流电压的高电位，负极则接到直流电压的低电位。如果接反了，电解电容不仅不能发挥其应有的作用，而且漏电流迅速增大，使电容发热，氧化膜介质将遭到损坏，导致电容性能急剧下降，甚至过热而损坏或爆炸。电解电容虽有极性，但在结构和工艺上采取一定措施后，也可以制造出无极性的或交流的电解电容。

电解电容按其正极性的金属材料的不同，可以分铝电解电容、钽电解电容、铌电解电容，钛电解电容、钽-铌合金电解电容。

铝电解电容的高频特性较差。它的容量和损耗会随温度产生明显的变化，特别是当温度低于－20 ℃时，容量将随温度的下降而急剧减少，而损耗则急剧上升。另外，当温度超过＋40 ℃时，漏电流增加很快。为此，一般铝电解电容仅适宜于在－20～＋50 ℃温度范围内工作。钽电解电容的寿命长，可靠性高，损耗低，频率稳定性和耐寒性好，体积相对铝电解电容小很多。然而，由于钽这种材料比较稀少，且价格昂贵，因此钽电解电容一般用于要求较高的场合。

2. 电容的性能指标

(1) 标称电容量：电容标出的电容量值。云母和陶瓷介质电容的电容量较低(大约在5 000 pF以下)，纸、塑料和一些陶瓷介质形式的电容量居中(一般为 0.005～1.0 μF)，通常电解电容的容量较大。

(2) 类别温度范围：电容设计所确定的能连续工作的环境温度范围。该范围取决于它相应类别的温度极限值，如上限类别温度、下限类别温度、额定温度(可以连续施加额定电压的最高环境温度)等。

(3) 额定电压:在下限类别温度和额定温度之间的任一温度下,可以连续施加在电容上的最大直流电压或最大交流电压的有效值或脉冲电压的峰值。电容应用在高电压场合时,必须注意电晕的影响。电晕是电子在介质/电极层之间存在空隙而产生的,它除了可以产生损坏设备的寄生信号外,还会导致电容介质击穿。在交流或脉动条件下,电晕特别容易发生。对于所有的电容,在使用中应保证直流电压与交流峰值电压之和不得超过电容的额定电压。

(4) 损耗角正切($\tan\delta$):在规定频率的正弦电压下,电容的损耗功率除以电容的无功功率为损耗角正切。在实际应用中,电容并不是一个纯电容,其内部还有等效电阻,对于电子设备来说,要求等效电阻越小越好,也就是说要求损耗功率小,其与电容的功率的夹角要小。

(5) 电容的温度特性。通常是以 20 ℃基准温度的电容量与有关温度的电容量的百分比表示。

(6) 使用寿命。电容的使用寿命随温度的增加而减小。主要原因是温度加速化学反应而使介质随时间退化。

(7) 绝缘电阻。由于升温引起电子活动增加,因此温度升高将使绝缘电阻降低。

3. 电容命名与识别

电容的单位是法[拉](F)。但实际使用中电容的常用单位是微法(μF)、纳法(nF)和皮法(pF)。

$$1\ \mu F=10^{-6}\ F$$

$$1\ nF=10^{-9}\ F=10^{3}\ pF$$

$$1\ pF=10^{-12}\ F=10^{-6}\ \mu F$$

常用标注方法有以下几种:

(1) 标有单位的直接表示法

有的电容的表面上直接标志了其特性参数,如在电解电容上经常按如下的方法进行标注:4.7 μ/16 V,表示此电容的标称容量为 4.7 μF,耐压 16 V。

(2) 不标单位的数字表示法

许多电容受体积的限制,其表面经常不标注单位。但都遵循一定的识别的规则。即当数字小于 1 时,默认单位为微法,如某电容标注为 0.47,表示此电容标称容量为 0.47 μF。当数字大于等于 1 时,默认单位为皮法,如某电容标注为 100,表示此标称容量为 100 pF。这时有一种特殊情况,即当数字为 3 位数字且末位数不为零时,前位数字为有效数字,末位数为 10 的幂次,单位为皮法,类似于色码电阻表示法。如电容标注为 103,表示此电容标称容量为 10×10^{3} pF $=10\ 000$ pF$=0.01$ μF。

(3) p、n、μ、m 法

此时标识在数字中的字母 p、n、μ、m 既是量纲,又表示小数点位置。p 表示 10^{-12} F,n 表示 10^{-9} F,μ 表示 10^{-6} F,m 表示 10^{-3} F。如某电容标注为 4n7,表示此电容标称容量为 4.7×10^{-9} F$=4\ 700$ pF。

(4) 色环(点)表示法

该法同电阻的色环表示法,单位为 pF。

表 A-5 为主要电容器的命名法。

表 A-5

第一部分		第二部分				第三部分		第四部分
字母表示主称		字母表示材料				字母表示特征		数字表示序号
符号	意义	符号	意义	符号	意义	符号	意义	包括品种、尺寸代号、温度特征、直流工作电压、标称值、允许误差、标准代号等
C	电容器	C	瓷介	S	聚碳酸脂	T	铁电	
		I	玻璃釉	Q	漆膜	W	微调	
		O	玻璃膜	H	混合介质	J	金属化	
		Y	云母	D	铝电解	X	小型	
		V	云母纸	A	钽电解	S	独石	
		Z	纸介	G	金属电解	D	低压	
		J	金属化纸介	N	铌电解	M	密封	
		B	聚苯乙烯	T	钛电解	Y	高压	
		F	聚四氟乙烯	M	压敏	C	穿心式	
		L	涤纶	E	其他材料电解			

允许误差是指实际电容量对于标称电容量的最大允许偏差范围。可由下式求得

$$\delta=\frac{C-C_R}{C_R}\times 100\%$$

式中，δ 为允许误差；C 为电容器的实际容量；C_R 为电容器的标称容量。表 A-6 列出了电容器允许误差级别。

表 A-6

级别	01	02	03	04	05	06	07	08
允许误差	±1%	±2%	±5%	±10%	±20%	−10%～20%	−20%～50%	−30%～100%

4. 电容的选用

(1) 选择合适的型号：不同的场合对电容的要求不同，选用电容时，应根据电路的要求确定相应品种的电容。例如：在电源滤波和退耦电路中，由于对电容性能要求不高，只要体积不大，容量够就可以了，所以可以选用电解电容；在高频电路中，则应选用云母电容或瓷介电容。

(2) 合理确定电容的精度：在绝大多数应用场合，对于电容的容量要求并不严格。例如在旁路、耦合电路中，电容量的精度没有很严格的要求，选用时可根据设计值，选用相近容量的电容。但在另一些场合，如振荡电路中，电容的容量应尽可能和计算值一致。这时应选用精度的电容来满足要求。

(3) 确定电容的额定工作电压：电容接入电路后，如果电路工作电压高于电容的额定工作电压，电容就会发生击穿而损坏。为保证电容安全可靠地工作，对一般电路，应使工作电压低于电容额定工作电压的 10%～20%。在某些电压波动较大的电路中，可酌情留下更大的余量。

(4) 优先选用绝缘电阻高、损耗小的电容：绝缘电阻小的电容，其漏电流较大，漏电流不仅

消耗了电路中的电能，更重要的是它会导致电路的不正常或降低电路的性能。电容的损耗在许多场合也直接影响到回路的性能，在滤波、振荡等电路中，要求 $\tan\delta$ 尽可能小，这样回路的品质因素可以提高，电路的性能就较好。

（5）注意电容的温度系数、高频特性等参数：电容的温度系数大，其容量随温度变化就大，这在很多场合是不允许的，这时应选用温度系数小的电容以确保性能。另外，在高频应用时，由于电容本身电感、引线电感和高频损耗的影响，导致电容的性能变坏，此时应选择高频特性好的电容。

（6）注意电容的使用环境，如温度、湿度等。

三、电感

电感线圈是由外皮绝缘的导线绕制而成。线圈可以是空心的，也可以包含铁芯或磁粉芯。电感的特性是通直流阻交流，频率越高，线圈阻抗越大。电感的单位有亨（H）、毫亨（mH）、微亨（μH），$1\ \text{H}=10^3\ \text{mH}=10^6\ \mu\text{H}$。电感器的符号如图 A-5 所示。

图 A-5

1. 电感的分类

- 按电感形式分类：固定电感、可变电感等。
- 按导磁体性质分类：空芯线圈、铁氧体线圈、铁芯线圈、铜芯线圈等。
- 按工作性质分类：天线线圈、振荡线圈、扼流线圈、陷波线圈、偏转线圈等。
- 按绕线结构分类：单层线圈、多层线圈、蜂房式线圈等。

2. 电感的性能指标

（1）电感量

$$L=\mu n^2 V$$

电感量 L 表示线圈本身固有特性，与电流大小无关。除专门的电感线圈（色码电感）外，电感量一般不专门标注在线圈上，而以特定的名称标注。

（2）品质因素

品质因素 Q 是表示电感质量的一个物理量，Q 为感抗 ωL 与其等效电阻 R 的比值，线圈的 Q 值越高，回路的损耗越小。电感的 Q 值与导线的直流电阻，骨架的介质损耗，屏蔽罩或铁芯引起的损耗，高频趋肤效应的影响等因素有关。电感的 Q 值通常为几十到几百。

$$Q=\frac{\omega L}{R}$$

式中，ω 为工作频率；L 为线圈电感量；R 为线圈电阻。

（3）分布电容

电感线圈的匝与匝间、电感与屏蔽罩间、电感与底板间存在的电容被称为分布电容。分布电容的存在使电感的 Q 值减小，稳定性变差，因而电感的分布电容越小越好。

（4）额定电流

额定电流是电感所允许流过的最大电流。

四、半导体器件

半导体器件是电子元器件中,功能和品种最为繁杂的一类器件。晶体二极管和晶体三极管是组成分立元件电子电路的核心器件。晶体二极管具有单向导电性,可以用于整流、检波、稳压、混频电路中。晶体三极管对信号有放大作用。它们的管壳上都印有规格与型号。其型号命名法见表 A-7。由于历史发展的原因,各国对其功能分类及命名的方法各不相同。按目前我国器件供应市场的现状,下面主要介绍以下几个国家和地区的半导体器件(二极管、三极管)的命名方法。

1. 中国

根据我国国家标准(GB2 49-64),半导体器件的型号由五个部分组成:

- 第一部分:用阿拉伯数字表示器件电极数目;
- 第二部分:用汉语拼音字母表示器件的材料和极性;
- 第三部分:用汉音拼音字母表示器件的类型;
- 第四部分:用阿拉伯数字表示序号;
- 第五部分:用汉语拼音字母表示规格号。

例如锗 PNP 低频小功率晶体三极管 3AX31A:

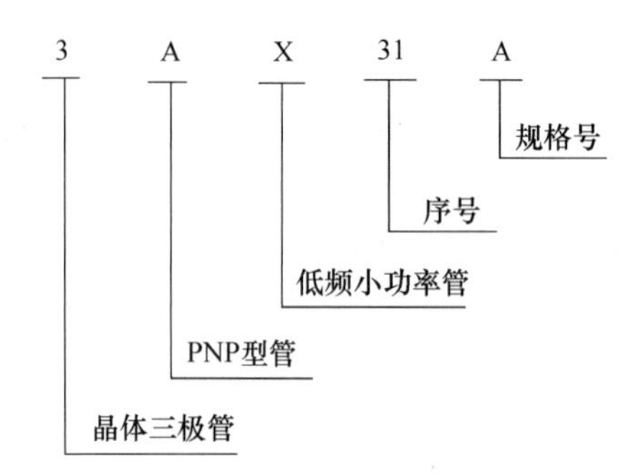

又例如 N 型锗普通晶体二极管 2AP9C:

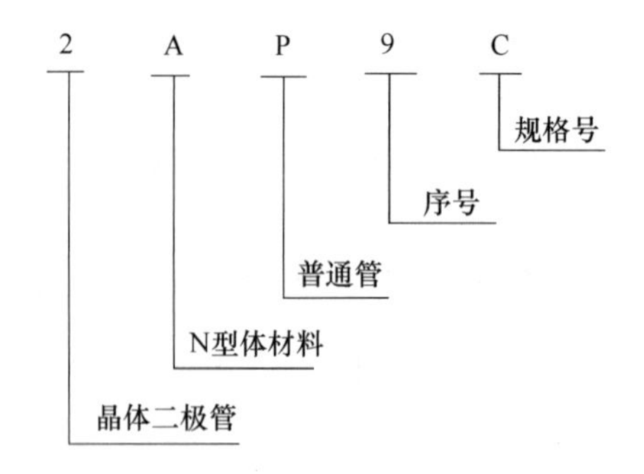

表 A-7

第一部分		第二部分		第三部分		第四部分	第五部分
用数字表示器件数目		用汉语拼音字母表示器件材料和极性		用汉音拼音字母表示器件的类型		用数字表示序号	用汉语拼音字母表示规格号
序号	意义	序号	意义	序号	意义		
2	二极管	A	N 型锗材料	P	普通管		
		B	P 型锗材料	V	微波管		
		C	N 型硅材料	W	稳压管		
		D	P 型硅材料	C	参量管		
3	三极管	A	PNP 型锗材料	Z	整流管		
		B	NPN 型锗材料	L	整流堆		
		C	PNP 型硅材料	S	隧道管		
		D	NPN 型硅材料	U	光电器件		
		E	其他材料	K	开关管		
				N	阻尼管		
				X	低频小功率管		
				G	高频小功率管		
				D	低频大功率管		
				A	高频功率管		
				T	半导体闸流管		
				Y	体效应管		
				B	雪崩管		
				J	阶跃恢复管		
				CS	场效应管		
				BT	半导体特殊器件		
				FH	复合管		
				PIN	PIN 管		
				JG	激光器件		

注：(1) 低频功率管 $f_a<3$ MHz；高频功率管 $f_a\geq3$ MHz；小功率管 $P_{CM}<1$ W；大功率管 $P_{CM}\geq1$ W。

(2) 场效应管、复合 PIN 管、激光器件的型号命名只有第三、四、五部分。

2. 国际电子联合会(欧盟等一些国家)

其命名分为四部分。具体为：

- 第一部分：用字母表示器件材料。如：A 表示锗，B 表示硅，C 表示砷化镓。
- 第二部分：用字母表示器件的类型及特性。如：

  A：检波、混频、开关二极管；

B:变容二极管;

C:低频小功率三极管;

D:低频大功率三极管;

F:高频小功率三极管;

L:高频大功率三极管;

S:小功率开关管;

U:大功率开关管。

- 第三部分:表示登记号。
- 第四部分:表示分类。如:B\U508A 为大功率硅开关管。

3. 美国(EIA)

命名分为五部分:

- 第一部分:表示用途,JAN 或 J 表示军用,无则为非军用品。
- 第二部分:由数字表示 PN 结数,1 为一个 PN 结,2 为两个 PN 结。
- 第三部分:字母"N"表示在 EIA 注册。
- 第四部分:多位数表示在 EIA 的注册号。
- 第五部分:用字母表示分档。如:1N4001 为硅整流二极管,1N4148 为硅开关管,2N3464 为硅 NPN 管。

4. 日本(日本工业标准 JIS)

命名由 5~7 部分组成:

- 第一部分:由数字表示 PN 结数,1 为一个 PN 结,2 为两个 PN 结。
- 第二部分:字母"S"表示在 JIS 注册。
- 第三部分:表示极性类型,如下:

A:PNP 高频;

B:PNP 低频;

C:NPN 高频;

D:NPN 低频;

J:P 沟道 FET;

K:N 沟道 FET。

- 第四部分:在 JIS 的注册顺序号。
- 第五部分:表示对原产品的改进产品。
- 第六部分:表示特殊用途。
- 第七部分:表示某参数分档标记。如:2SA1015 表示 PNP 型高频三极管,有时简略为 A1015。

5. 韩国

9000 系列常用晶体三极管组成部分的符号及其意义如表 A-8 所示。

表 A-8

9000 系列常用晶体管型号	极性	用途特点	p_T/mW	f_r/MHz
9011	NPN	高、中频放大	400	370
9012	PNP	极好的线性 h_{FE}	625	
9013	NPN	与 9012 配对作推挽	625	
9014	NPN	线性好，h_{FE}高	625	270
9015	PNP	与 9014 配对	625	190
016	NPN	宽带高增益、放大	400	1 100

附录 B

集成电路引脚排列图

1．四二输入与门

$Y=AB$

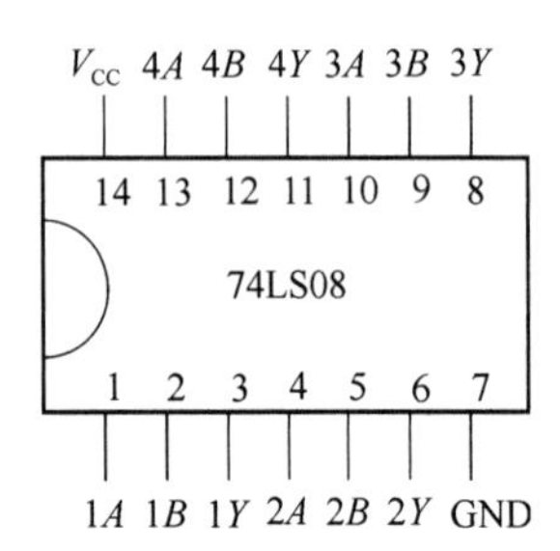

2．双四输入与门

$Y=ABCD$

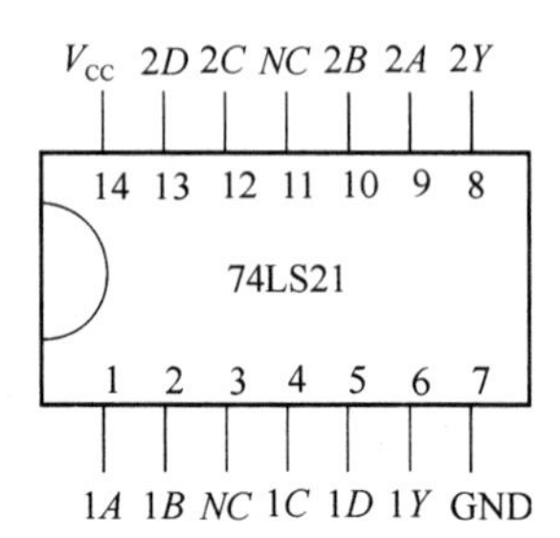

3．四二输入与非门

$Y=\overline{AB}$

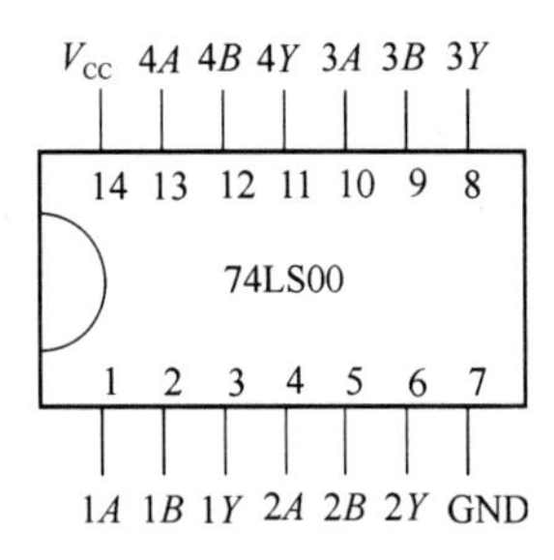

4．双四输入与非门

$Y=\overline{ABCD}$

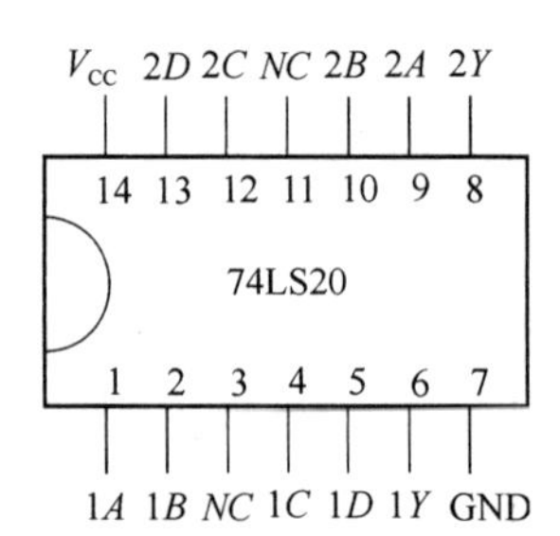

5．四二输入或门

$Y=A+B$

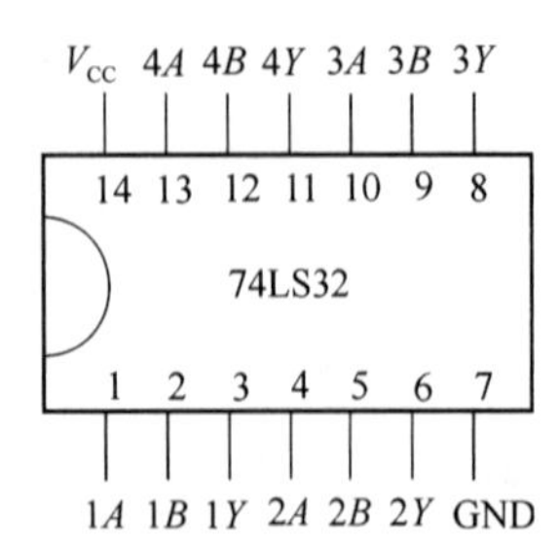

6．四二输入或非门

$Y=\overline{A+B}$

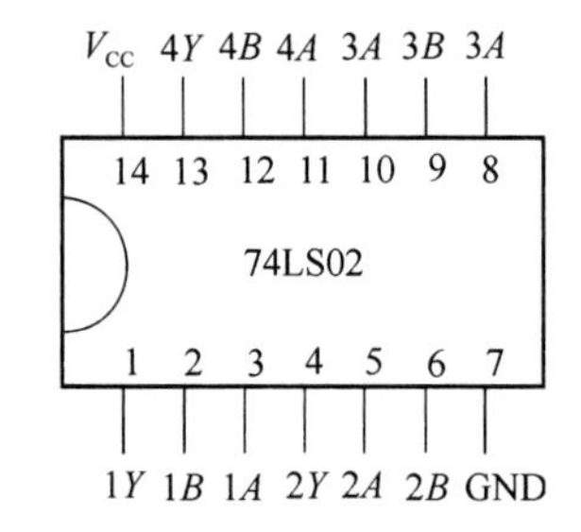

7. 四二输入异或门

$$Y=A\oplus B$$

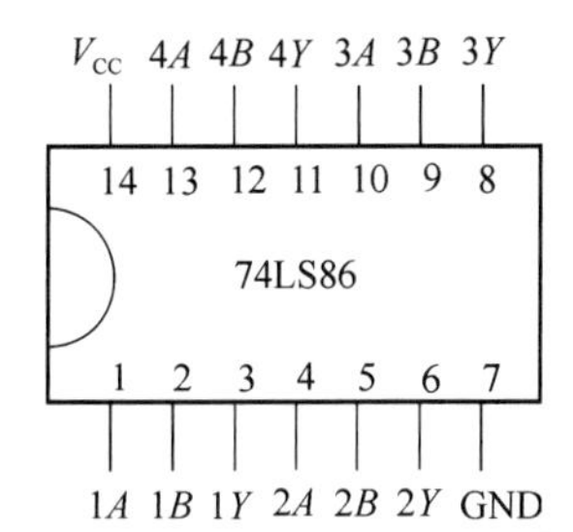

8. 六反相器

$$Y=\overline{A}$$

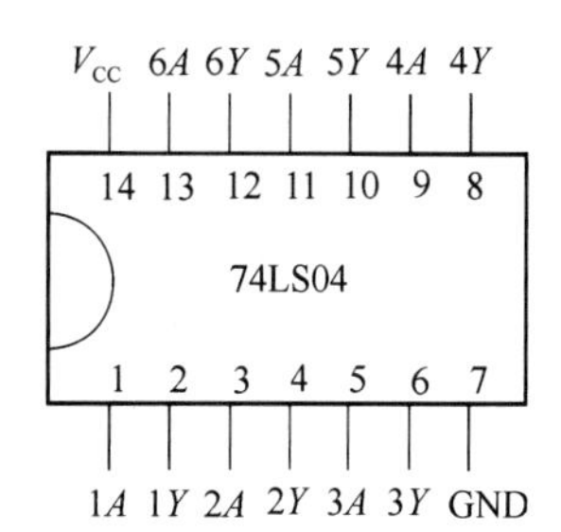

9. 三态门

$Y=A$（E'为高电平时，输出禁止）

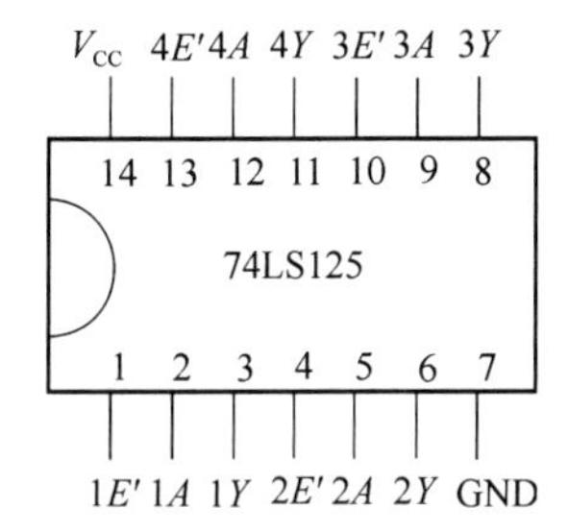

10. 四路输入与或非门

$$Y=\overline{AB+CDE+FGH+IJ}$$

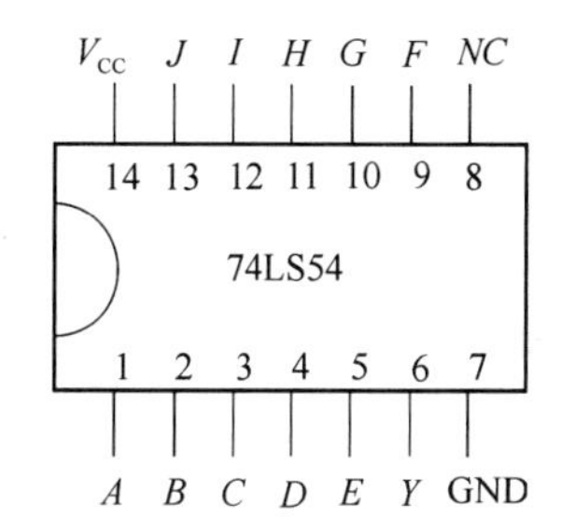

11. 4 线-7 段译码器

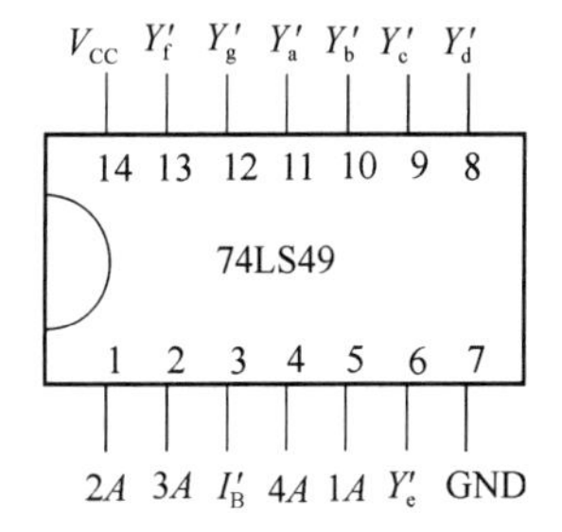

十进制数或功能	输入					输出						
	1A	2A	3A	4A	I'_B	Y'_a	Y'_b	Y'_c	Y'_d	Y'_e	Y'_f	Y'_g
0	0	0	0	0	1	1	1	1	1	1	1	0
1	0	0	0	1	1	0	1	1	0	0	0	0
2	0	0	1	0	1	1	1	0	1	1	0	1
3	0	0	1	1	1	1	1	1	1	0	0	1
4	0	1	0	0	1	0	1	1	0	0	1	1
5	0	1	0	1	1	1	0	1	1	0	1	1
6	0	1	1	0	1	0	0	1	1	1	1	1
7	0	1	1	1	1	1	1	1	0	0	0	0
8	1	0	0	0	1	1	1	1	1	1	1	1
9	1	0	0	1	1	1	1	1	0	0	1	1
10	1	0	1	0	1	0	0	0	1	1	0	1
11	1	0	1	1	1	0	0	1	1	0	0	1
12	1	1	0	0	1	0	1	0	0	0	1	1
13	1	1	0	1	1	1	0	0	1	0	1	1
14	1	1	1	0	1	0	0	0	1	1	1	1
15	1	1	1	1	1	0	0	0	0	0	0	0
BI	×	×	×	×	0	0	0	0	0	0	0	0

12. 10 线-4 线优先编码器

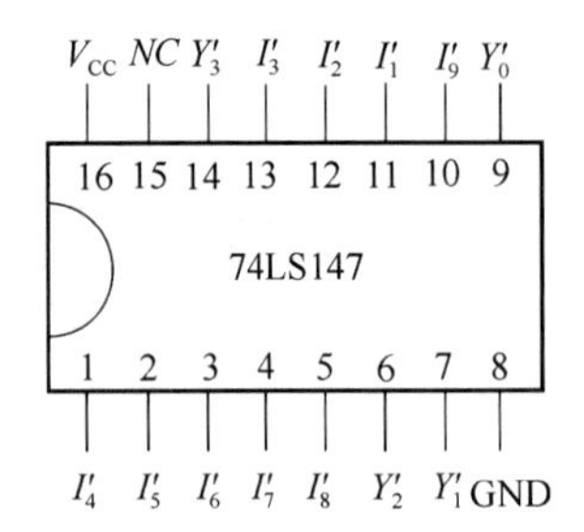

I_1'	I_2'	I_3'	I_4'	I_5'	I_6'	I_7'	I_8'	I_9'	Y_3'	Y_2'	Y_1'	Y_0'
1	1	1	1	1	1	1	1	1	1	1	1	1
×	×	×	×	×	×	×	×	0	0	1	1	0
×	×	×	×	×	×	×	0	1	0	1	1	1
×	×	×	×	×	×	0	1	1	1	0	0	0
×	×	×	×	×	0	1	1	1	1	0	0	1
×	×	×	×	0	1	1	1	1	1	0	1	0
×	×	×	0	1	1	1	1	1	1	0	1	1
×	×	0	1	1	1	1	1	1	1	1	0	0
×	0	1	1	1	1	1	1	1	1	1	0	1
0	1	1	1	1	1	1	1	1	1	1	1	0

13. 8 线-3 线优先编码器

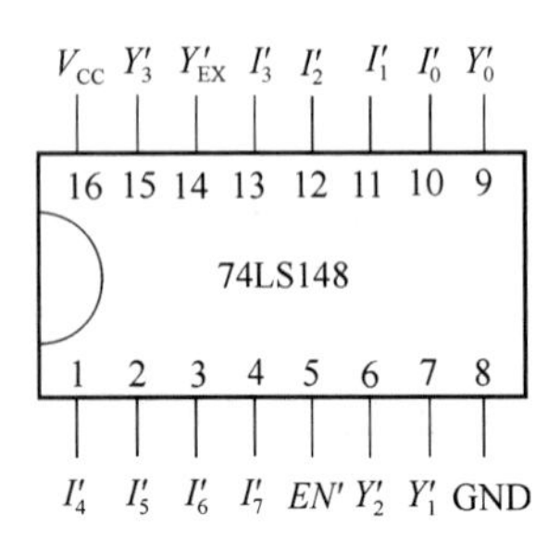

EN	I_0'	I_1'	I_2'	I_3'	I_4'	I_5'	I_6'	I_7'	Y_{EX}'	Y_3'	Y_2'	Y_1'	Y_0'
1	×	×	×	×	×	×	×	×	1	1	1	1	1
0	1	1	1	1	1	1	1	1	1	0	1	1	1
0	×	×	×	×	×	×	×	0	0	1	0	0	0
0	×	×	×	×	×	×	0	1	0	1	0	1	1
0	×	×	×	×	×	0	1	1	0	1	0	1	0
0	×	×	×	×	0	1	1	1	0	1	0	1	1
0	×	×	×	0	1	1	1	1	0	1	1	0	0
0	×	×	0	1	1	1	1	1	0	1	0	0	1
0	×	0	1	1	1	1	1	1	0	1	1	1	0
0	0	1	1	1	1	1	1	1	0	1	1	1	1

14. 2 线-4 线译码器

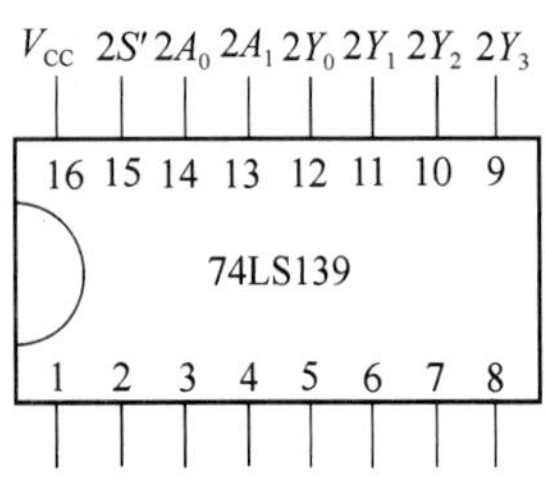

输入			输出			
S'	A_1	A_0	Y_0'	Y_1'	Y_2'	Y_3'
1	×	×	1	1	1	1
0	0	0	0	1	1	1
0	0	1	1	0	1	1
0	1	0	1	1	0	1
0	1	1	1	1	1	0

15. 4 线-10 线译码器 BCD 输入

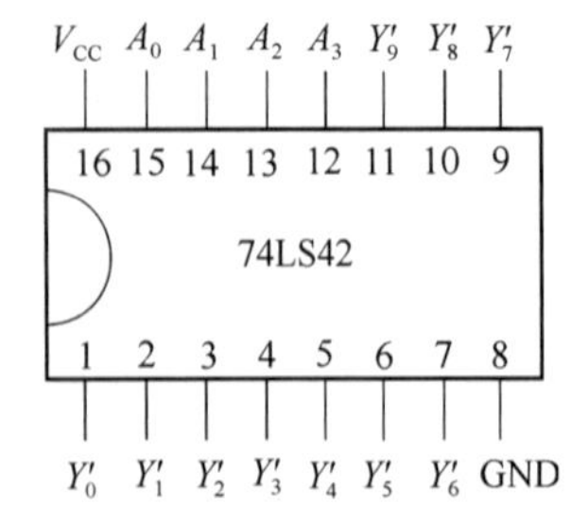

A_3	A_2	A_1	A_0	Y_0'	Y_1'	Y_2'	Y_3'	Y_4'	Y_5'	Y_6'	Y_7'	Y_8'	Y_9'
0	0	0	0	0	1	1	1	1	1	1	1	1	1
0	0	0	1	1	0	1	1	1	1	1	1	1	1
0	0	1	0	1	1	0	1	1	1	1	1	1	1
0	0	1	1	1	1	1	0	1	1	1	1	1	1
0	1	0	0	1	1	1	1	0	1	1	1	1	1
0	1	0	1	1	1	1	1	1	0	1	1	1	1
0	1	1	0	1	1	1	1	1	1	0	1	1	1
0	1	1	1	1	1	1	1	1	1	1	0	1	1
1	0	0	0	1	1	1	1	1	1	1	1	0	1
1	0	0	1	1	1	1	1	1	1	1	1	1	0
1 0 1 0 ～ 1 1 1 1				高电平									

16. 3线-8线译码器

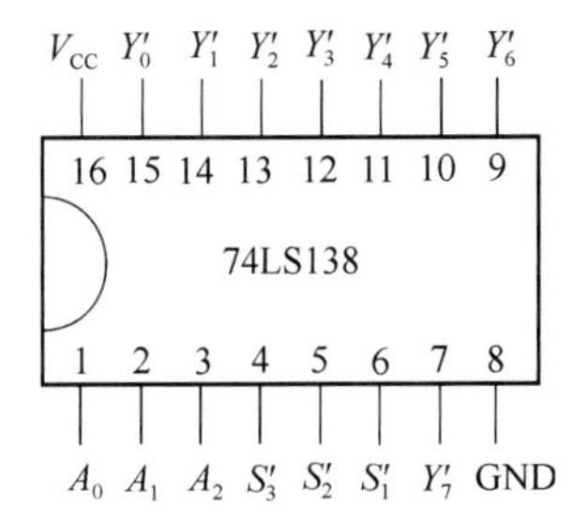

S_1	$\overline{S_2+S_3}$	A_2	A_1	A_0	Y_0'	Y_1'	Y_2'	Y_3'	Y_4'	Y_5'	Y_6'	Y_7'
×	1	×	×	×	1	1	1	1	1	1	1	1
0	×	×	×	×	1	1	1	1	1	1	1	1
1	0	0	0	0	0	1	1	1	1	1	1	1
1	0	0	0	1	1	0	1	1	1	1	1	1
1	0	0	1	0	1	1	0	1	1	1	1	1
1	0	0	1	1	1	1	1	0	1	1	1	1
1	0	1	0	0	1	1	1	1	0	1	1	1
1	0	1	0	1	1	1	1	1	1	0	1	1
1	0	1	1	0	1	1	1	1	1	1	0	1
1	0	1	1	1	1	1	1	1	1	1	1	0

17. 4位二进制全加器

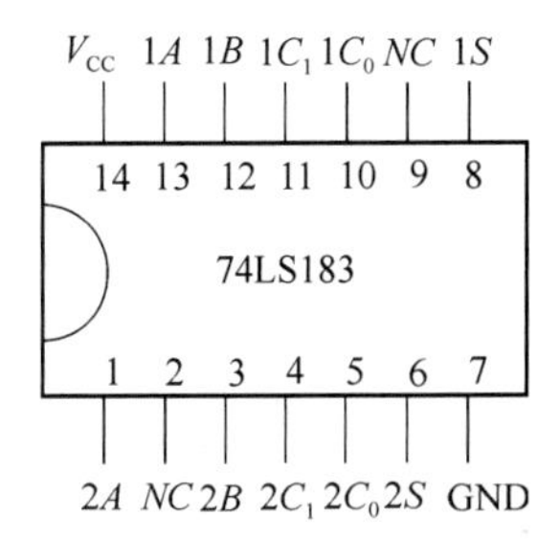

输入			输出	
A_i	B_i	C_{i-1}	S_i	C_i
0	0	0	0	0
0	0	1	1	0
0	1	0	1	0
0	1	1	0	1
1	0	0	1	0
1	0	1	0	1
1	1	0	0	1
1	1	1	1	1

18. 双4选1数据选择器

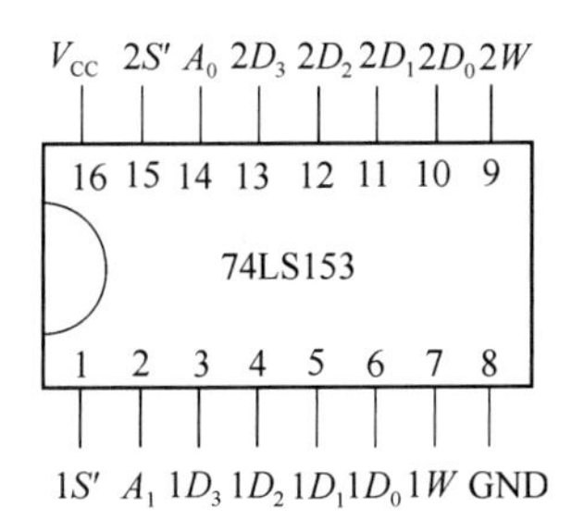

S'	A_1	A_0	D_0	D_1	D_2	D_3	W
1	×	×	×	×	×	×	0
0	0	0	0	×	×	×	0
0	0	0	1	×	×	×	1
0	0	1	×	0	×	×	0
0	0	1	×	1	×	×	1
0	1	0	×	×	0	×	0
0	1	0	×	×	1	×	1
0	1	1	×	×	×	0	0
0	1	1	×	×	×	1	1

19. 四位数值比较器

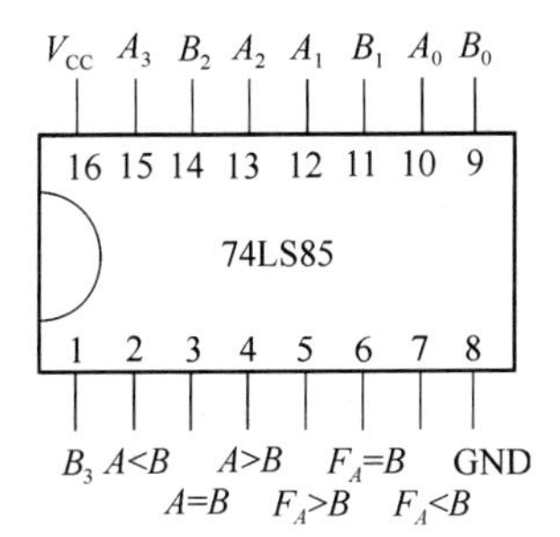

数据输入				级联输入			输出		
A_3 B_3	A_2 B_2	A_1 B_1	A_0 B_0	$A>B$	$A=B$	$A<B$	$F_{A>B}$	$F_{A=B}$	$F_{A<B}$
$A_3>B_3$	×	×	×	×	×	×	1	0	1
$A_3<B_3$	×	×	×	×	×	×	0	0	1
$A_3=B_3$	$A_2>B_2$	×	×	×	×	×	1	0	0
$A_3=B_3$	$A_2<B_2$	×	×	×	×	×	0	0	1
$A_3=B_3$	$A_2=B_2$	$A_1>B_1$	×	×	×	×	1	0	0
$A_3=B_3$	$A_2=B_2$	$A_1<B_1$	×	×	×	×	0	0	1
$A_3=B_3$	$A_2=B_2$	$A_1=B_1$	$A_0>B_0$	×	×	×	1	0	0
$A_3=B_3$	$A_2=B_2$	$A_1=B_1$	$A_0<B_0$	×	×	×	0	0	1
$A_3=B_3$	$A_2=B_2$	$A_1=B_1$	$A_0=B_0$	1	0	0	1	0	0
$A_3=B_3$	$A_2=B_2$	$A_1=B_1$	$A_0=B_0$	0	0	1	0	0	1
$A_3=B_3$	$A_2=B_2$	$A_1=B_1$	$A_0=B_0$	0	1	0	0	1	0
$A_3=B_3$	$A_2=B_2$	$A_1=B_1$	$A_0=B_0$	×	1	×	0	1	0
$A_3=B_3$	$A_2=B_2$	$A_1=B_1$	$A_0=B_0$	1	0	1	0	0	0
$A_3=B_3$	$A_2=B_2$	$A_1=B_1$	$A_0=B_0$	0	0	0	1	0	1

20. 8 选 1 数据选择器

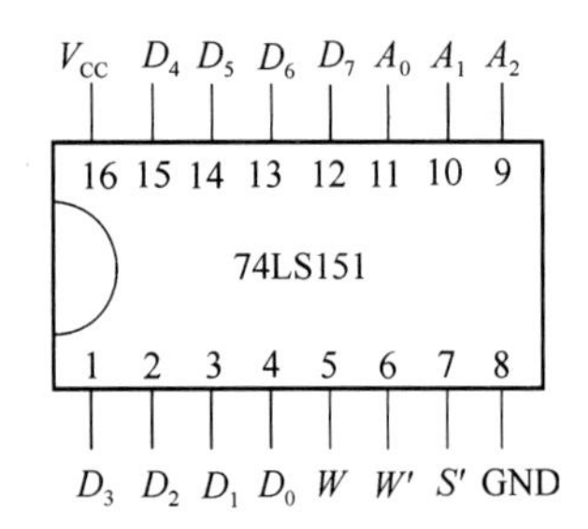

输入			选择选通	输出	
A_2	A_1	A_0	S'	W	W'
×	×	×	1	0	1
0	0	0	0	D_0	D_0'
0	0	1	0	D_1	D_1'
0	1	0	0	D_2	D_2'
0	1	1	0	D_3	D_3'
1	0	0	0	D_4	D_4'
1	0	1	0	D_5	D_5'
1	1	0	0	D_6	D_6'
1	1	1	0	D_7	D_7'

21. 四 *D* 型触发器

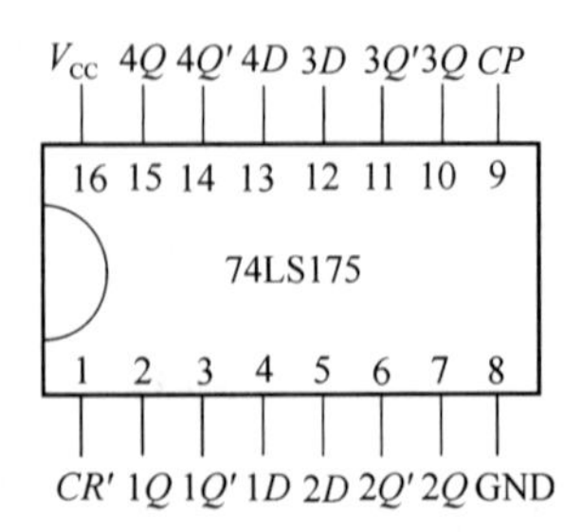

输入			输出	
CP'	D	CP	Q^{n+1}	$Q^{(n+1)'}$
0	×	×	0	1
1	1	↑	1	0
1	0	↑	0	1
1	×	0	Q	Q'

22. 四位双稳态锁存器

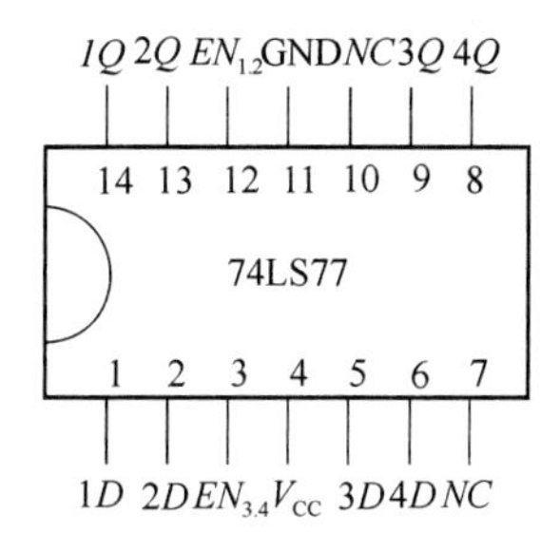

输入		输出
D	EN	Q^{n+1}
0	1	0
1	1	1
×	0	Q

23. 双上升沿 *D* 触发器

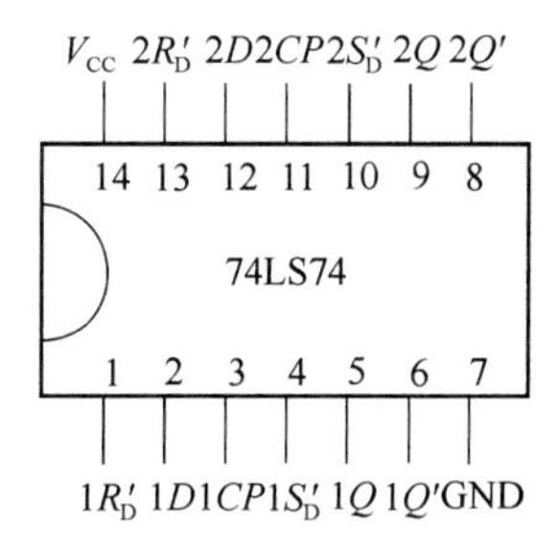

S_D'	R_D'	CP	D	Q^{n+1}	$Q^{(n+1)'}$
0	1	×	×	1	0
1	0	×	×	0	1
0	0	×	×	×	×
1	1	↑	1	1	1
1	1	↑	0	0	0
1	1	0	×	Q	Q'

24. 双下降沿 *JK* 触发器

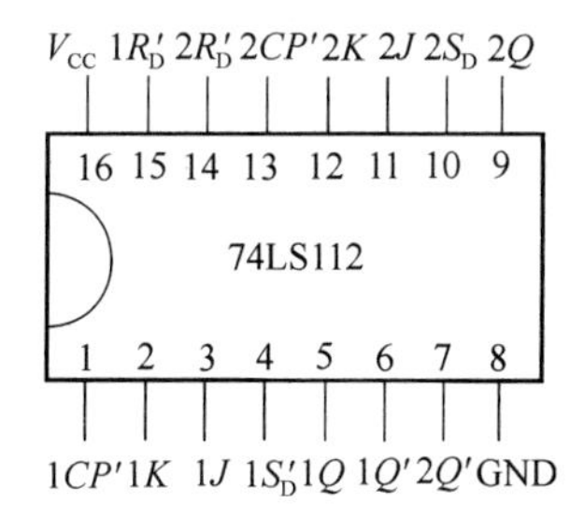

S_D'	R_D'	CP	J	K	Q^n	Q^{n+1}
1	1	×	×	×	×	Q
1	1	↓	0	0	×	Q
1	1	↓	0	1	×	0
1	1	↓	1	0	×	1
1	1	↓	1	1	×	Q
0	1	×	×	×	×	1
1	0	×	×	×	×	0

25. 双下降沿 *JK* 触发器

1K 1Q 1Q' GND 2K 2Q 2Q' 2J
16 15 14 13 12 11 10 9
74LS76
1 2 3 4 5 6 7 8
1CP 1S'D 1R'D 1J VCC 2CP 2S'D 2R'D

S_D'	R_D'	CP	J	K	Q^n	Q^{n+1}
1	1	×	×	×	×	Q
1	1	↓	0	0	×	Q
1	1	↓	0	1	×	0
1	1	↓	1	0	×	1
1	1	↓	1	1	×	Q
0	1	×	×	×	×	1
1	0	×	×	×	×	0

26. 4位双向移位寄存器

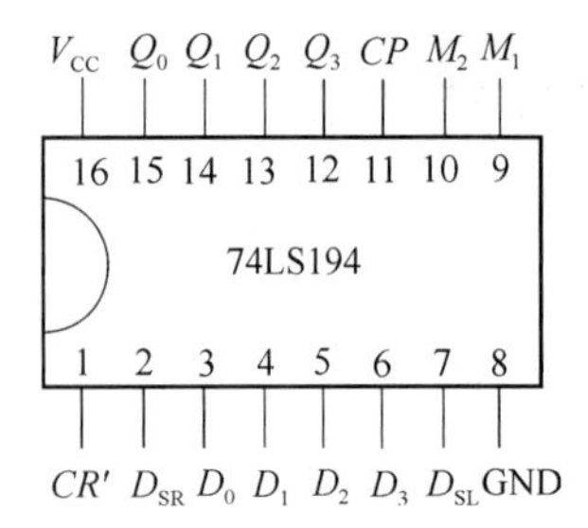

CR'	M_2	M_1	CP	功能
0	×	×	×	异步清除
1	0	0	×	保持
1	0	1	↑	右移
1	1	0	↑	左移
1	1	1	↑	并行置数

27. 十进制同步计数

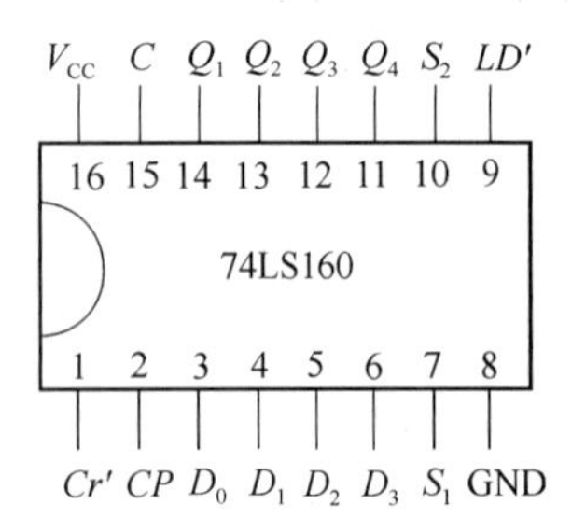

输入					输出
CP	LD'	R'_D	S_1	S_2	Q
×	×	0	×	×	全0
↑	0	1	×	×	预置数
↑	1	1	1	1	计数
×	1	1	0	×	保持
×	1	1	×	0	保持

28. 十进制计数器

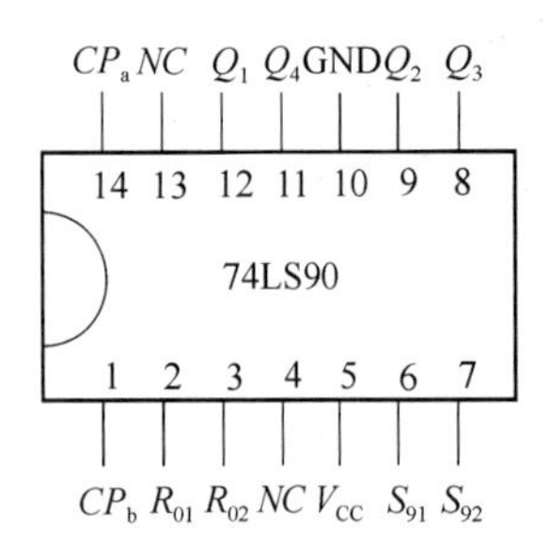

R_{01}	R_{02}	S_{91}	S_{92}	Q_1	Q_2	Q_3	Q_4
1	1	×	×	0	0	0	0
×	×	1	1	1	0	0	1
×	0	×	0	计			数
0	×	0	×	计			数
0	×	×	0	计			数
×	0	0	×	计			数

29. 四位二进制同步计数器

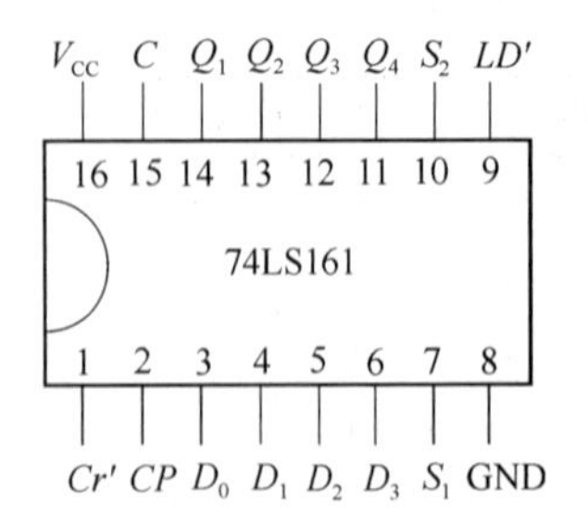

输入					输出
CP	LD'	C'_r	S_1	S_2	Q
×	×	0	×	×	全0
↑	0	1	×	×	预置数
↑	1	1	1	1	计数
×	1	1	0	×	保持
×	1	1	×	0	保持

30．十进制同步加/减计数器

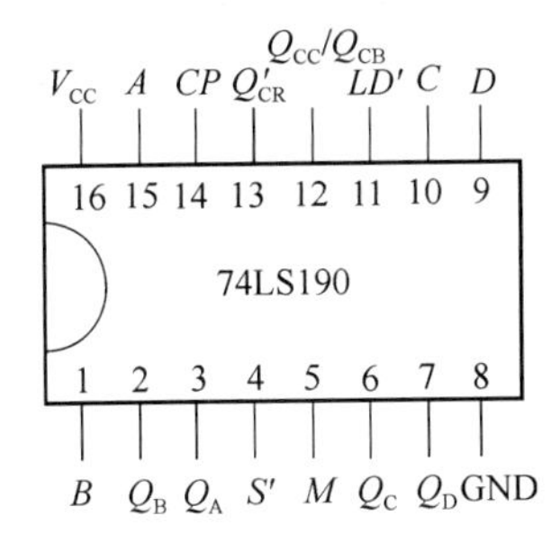

CP	S	M	LD'	Q_{CC}/Q_{CB}	Q'_{CR}	Q_1	Q_2	Q_3	Q_4
×	0	×	0	0	1	A	B	C	D
↑	0	0	1	0	1	加	计		数
↓	0	0	1	0	1	保			持
↑	0	1	1	0	1	减	计		数
↓	0	1	1	0	1	保			持
				⎍	⊔	1	1	1	1
↑	0	0	1						
						(1	0	0	1)
↑	0	1	1						
				⎍	⊔	0	0	0	0
×	1	×	1	0		保			持

31．四位二进制同步加/减计数器

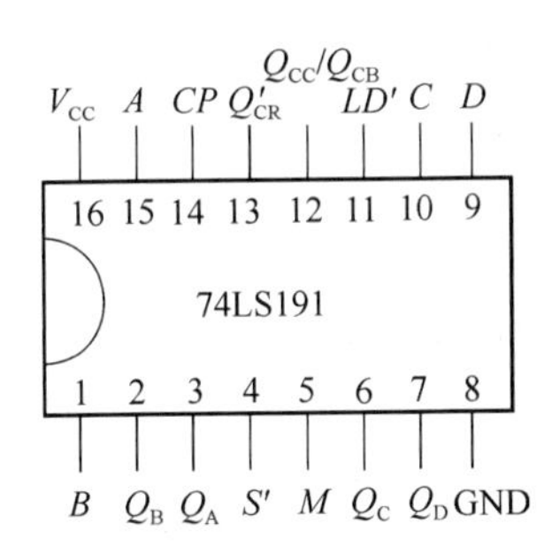

CP	S	M	LD'	Q_{CC}/Q_{CB}	Q'_{CR}	Q_A	Q_B	Q_C	Q_D
×	0	×	0	0	1	A	B	C	D
↑	0	0	1	0	1	加	计		数
↓	0	0	1	0	1	保			持
↑	0	1	1	0	1	减	计		数
↓	0	1	1	0	1	保			持
				⎍	⊔	1	1	1	1
↑	0	0	1						
						(1	0	0	1)
↑	0	1	1						
				⎍	⊔	0	0	0	0
×	1	×	1	0		保			持

32．双时钟十进制加/减可逆计数器

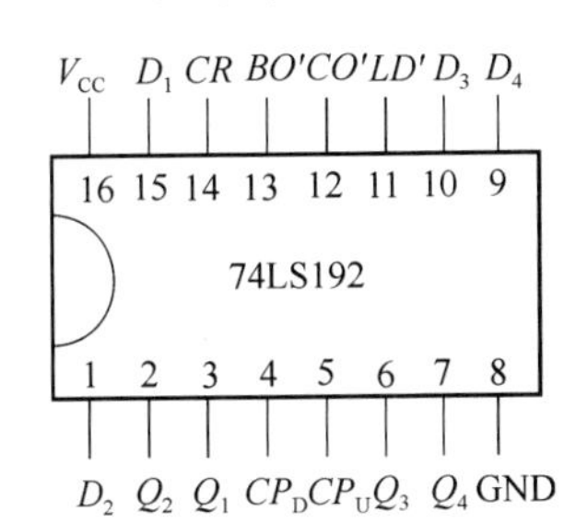

CP_U	CP_D	CR	LD'	Q_1	Q_2	Q_3	Q_4
×	×	1	×	0	0	0	0
×	×	0	0	A	B	C	D
↑	1	0	1	加	法	计	数
1	↑	0	1	减	法	计	数
1	1	0	1	保		持	

33. 译码驱动器

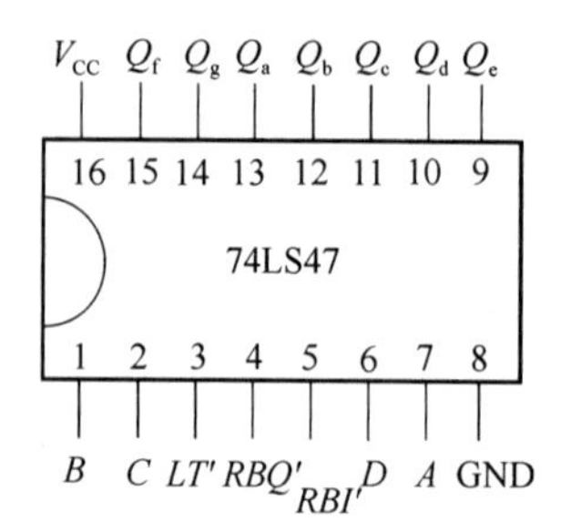

A	B	C	D	LT′	RBI′	BI′/RBO′	OUT
×	×	×	×	0	×	1	8
×	×	×	×	×	×	0	-
0	0	0	0	1	0	0	-
0	0	0	0	1	1	1	0
0	0	0	1	1	×	1	1
0	0	1	0	1	×	1	2
.	.	.	.	.	.	.	.
.	.	.	.	.	.	.	.
.	.	.	.	.	.	.	.
1	1	1	1	1	×	1	15

34. 555 定时器

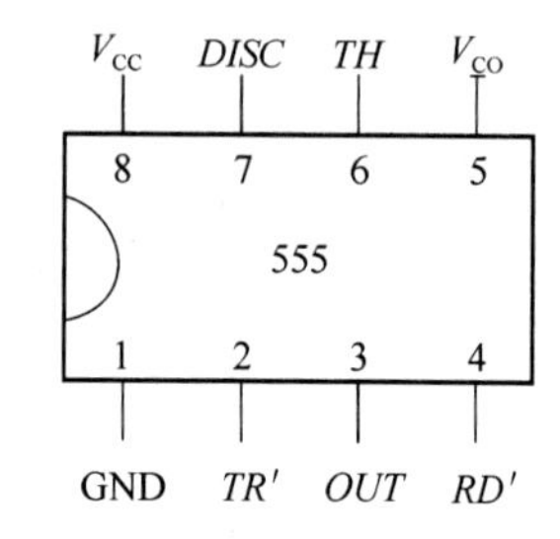

35. 四二输入 CMOS 或非门

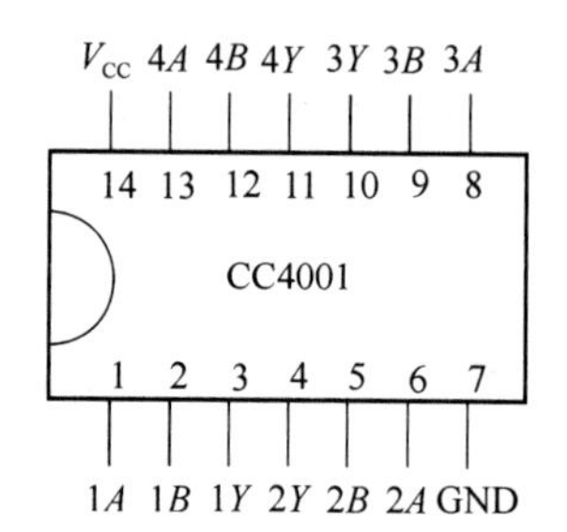

36. 十进制同步计数器

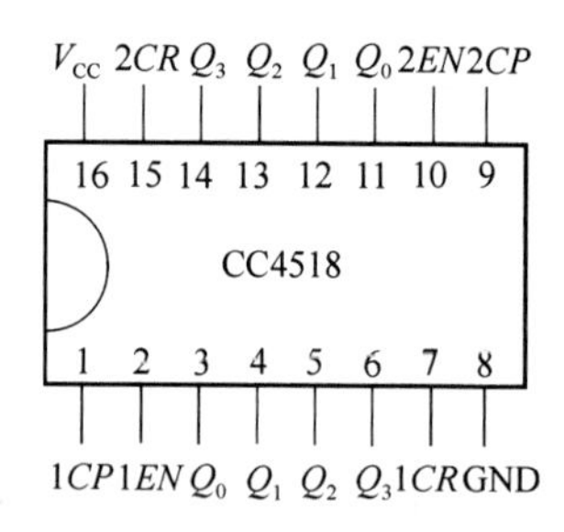

输入			输出功能
CP	CR	EN	
↑	0	1	加计数
0	0	↓	加计数
↓	0	×	保　持
×	0	↑	保　持
↑	0	0	保　持
1	0	↓	保　持
×	1	×	全　0

37. BCD-锁存/7 段译码器/驱动器

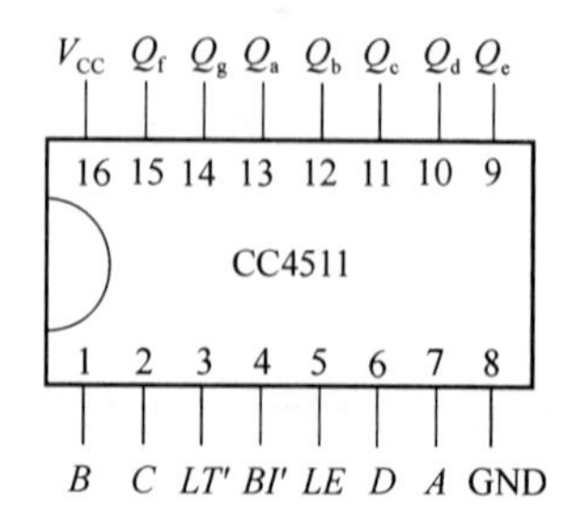

输入							输出						
LT'	BI'	LE	A	B	C	D	Q_a	Q_b	Q_c	Q_d	Q_e	Q_f	Q_g
×	×	0	×	×	×	×	1	1	1	1	1	1	1
×	0	1	×	×	×	×	0	0	0	0	0	0	0
0	1	1	0	0	0	0	1	1	1	1	1	1	0
0	1	1	0	0	0	1	0	1	1	0	0	0	0
0	1	1	0	0	1	0	1	1	0	1	1	0	1
0	1	1	0	0	1	1	1	1	1	1	0	0	1
0	1	1	0	1	0	0	0	1	1	0	0	1	1
0	1	1	0	1	0	1	1	0	1	1	0	1	1
0	1	1	0	1	1	0	0	0	1	1	1	1	1
0	1	1	0	1	1	1	1	1	1	0	0	0	0
0	1	1	1	0	0	0	1	1	1	1	1	1	1
0	1	1	1	0	0	1	1	1	1	0	0	1	1
0	1	1	1	0	1	0	0	0	0	0	0	0	0
0	1	1	1	0	1	1	0	0	0	0	0	0	0
0	1	1	1	1	0	0	0	0	0	0	0	0	0
0	1	1	1	1	0	1	0	0	0	0	0	0	0
0	1	1	1	1	1	0	0	0	0	0	0	0	0
0	1	1	1	1	1	1	0	0	0	0	0	0	0
1	1	1	×	×	×	×			锁		存		

38. 四上升沿 D 触发器

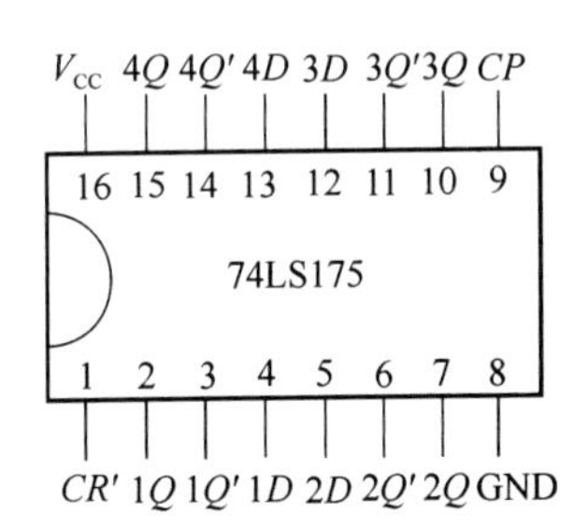

输入			输出	
CR'	CP	D	Q	Q'
0	×	×	0	1
1	↑	1	1	0
1	↑	0	0	1
1	0	×	Q	Q'

39. 8 线-3 线优先编码器

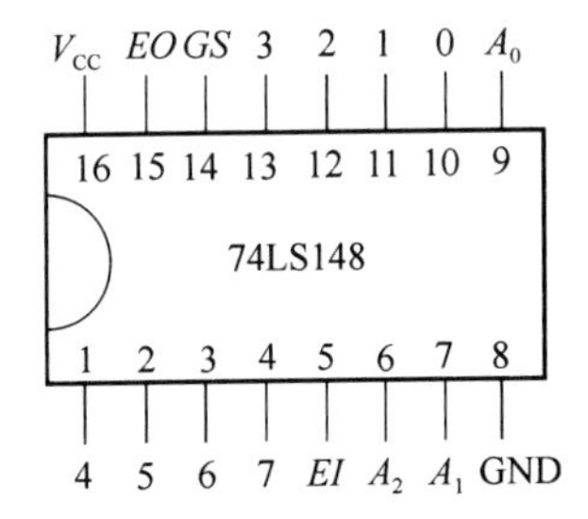

输入									输出				
EI	0	1	2	3	4	5	6	7	A_2	A_1	A_0	GS	EO
1	×	×	×	×	×	×	×	×	1	1	1	1	1
0	1	1	1	1	1	1	1	1	1	1	1	1	0
0	×	×	×	×	×	×	×	0	0	0	0	0	1
0	×	×	×	×	×	×	0	1	0	0	1	0	1
0	×	×	×	×	×	0	1	1	0	1	0	0	1
0	×	×	×	×	0	1	1	1	0	1	1	0	1
0	×	×	×	0	1	1	1	1	1	0	0	0	1
0	×	×	0	1	1	1	1	1	1	0	1	0	1
0	×	0	1	1	1	1	1	1	1	1	0	0	1
0	0	1	1	1	1	1	1	1	1	1	1	0	1

40. 单稳态触发器

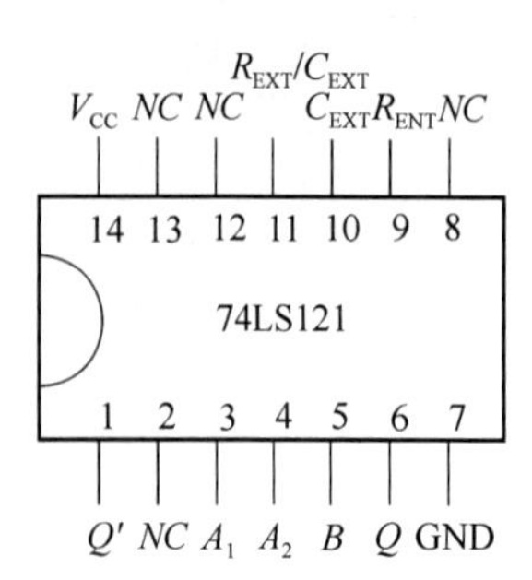

输入			输出	
A_1	A_2	B	Q	Q'
0	×	1	0	1
×	0	1	0	1
×	×	0	0	1
1	1	×	0	1
1	↓	1	⎍	⊔
↓	1	1	⎍	⊔
↓	↓	1	⎍	⊔
0	×	↑	⎍	⊔
×	0	↑	⎍	⊔

参考文献

[1] 康华光.电子技术基础.北京:高等教育出版社,1999.
[2] 高吉祥.电子技术基础实验与课程设计.北京:电子工业出版社,2002.
[3] 孙肖子.现代电子线路和技术实验简明教程.北京:高等教育出版社,2004.
[4] 杨刚.模拟电子技术基础实验.北京:电子工业出版社,2003.
[5] 刘联会.怎样检测电子元器件.福州:福建科学技术出版社,2003.
[6] 阎石.数字电子技术基础.北京:高等教育出版社,1998.
[7] 周泽义.电子技术实验.武汉:武汉理工大学出版社,2001.
[8] 毕满清.电子技术实验与课程设计,北京:机械工业出版社,2000.
[9] 王成安.电子技术基本技能综合训练.北京:人民邮电出版社,2005.